21世纪高等学校计算机
应用技术系列教材

C语言
课程设计教程

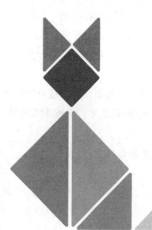

◎ 张朋 刘鑫 主编

马玲 孟庆新 刘晓慧 范彬 宋丹茹 周本海 赵越 副主编

清华大学出版社
北京

内容简介

本书是《C 程序设计》的配套上机指导教材。

本书介绍了 C 语言的基础知识，例如变量与表达式、数据的输入和输出、分支和循环语句、数组、函数与变量、指针与编译预处理等。另用两章篇幅介绍了 C 语言的简单实例和高级实例，最后介绍了目前应用比较广泛的学生宿舍管理系统、学生成绩管理系统、运动会管理系统和图书管理系统的设计与实现。

本书从实践性和应用性出发，按照软件开发的流程，描述了案例从设计到实现的过程。本书内容组织合理、分析详细、通俗易懂。

本书适合非计算机类本（专）科生学习和参考。

本书封面贴有清华大学出版社防伪标签，无标签者不得销售。

版权所有，侵权必究。侵权举报电话: 010-62782989, beiqinquan@tup.tsinghua.edu.cn。

图书在版编目(CIP)数据

C 语言课程设计教程/张朋，刘鑫主编. —北京: 清华大学出版社，2021.12(2022.10重印)
21 世纪高等学校计算机应用技术系列教材
ISBN 978-7-302-58723-1

Ⅰ.①C… Ⅱ.①张… ②刘… Ⅲ.①C 语言-程序设计-高等学校-教材 Ⅳ.①TP312.8

中国版本图书馆 CIP 数据核字(2021)第 141880 号

责任编辑:	贾　斌
封面设计:	刘　键
责任校对:	徐俊伟
责任印制:	丛怀宇

出版发行: 清华大学出版社
　　　　网　　址: http://www.tup.com.cn, http://www.wqbook.com
　　　　地　　址: 北京清华大学学研大厦 A 座　　　邮　编: 100084
　　　　社 总 机: 010-83470000　　　　　　　　　邮　购: 010-62786544
　　　　投稿与读者服务: 010-62776969, c-service@tup.tsinghua.edu.cn
　　　　质量反馈: 010-62772015, zhiliang@tup.tsinghua.edu.cn
　　　　课件下载: http://www.tup.com.cn, 010-83470236
印 装 者: 大厂回族自治县彩虹印刷有限公司
经　　销: 全国新华书店
开　　本: 185mm×260mm　　印　张: 14.75　　字　数: 372 千字
版　　次: 2021 年 12 月第 1 版　　　　　　　　印　次: 2022 年 10 月第 2 次印刷
印　　数: 2001～4000
定　　价: 45.00 元

产品编号: 091529-01

前言

  C 语言是一种通用的现代计算机程序设计语言,它是根据结构化程序设计原则设计并实现的。C 语言不仅适合于系统程序设计,而且适合于应用程序设计。C 语言在操作系统、工具软件、软件平台、图像处理、数值分析、人工智能和数据库管理系统等方面都得到了广泛的应用。C 语言有很多突出特点,有较丰富的数据类型、多种运算符,语言的组成精练、简洁,使用方便、灵活,表达能力强。C 语言具有"高级语言"和"低级语言"的双重特点。C 语言提供了某些接近汇编语言的功能,有利于编写系统软件。

  本书是高校 C 语言课程的辅助教材。本书主要包括三方面的内容:C 语言课程设计理论指导、C 语言课程初级和高级实例、C 语言课程设计实例。本书适合那些已经或正在学习 C 语言的学生。本书的编写目的就是要使那些对 C 语言有初步了解的学生通过阅读本书提高其 C 语言程序设计能力。本书所选程序实例具有由浅入深、由易到难、实用有趣的特点。图像与动画编程虽然有些过时,但却能使学生了解 Turbo C 的强大功能。

  本书由张朋、刘鑫主编,马玲、孟庆新、刘晓慧、范彬、宋丹茹、周本海、赵越副主编。刘鑫编写第 1 章,张朋编写第 2 章,孟庆新编写第 3 章,范彬编写第 4 章,周本海编写第 5 章,马玲编写第 6 章,刘晓慧编写第 7 章,赵越编写第 8 章,宋丹茹编写第 9 章。

  由于时间仓促及水平有限,书中不当之处在所难免,敬请读者批评指正。

作 者

2021 年 6 月

目 录

第 1 章 C 程序设计集成开发环境介绍 ··· 1

1.1 Win-TC 1.9.1 集成开发环境 ··· 1
- 1.1.1 Win-TC 的特点 ··· 1
- 1.1.2 安装界面 ··· 2
- 1.1.3 Win-TC 的使用 ··· 3

1.2 Visual C++ 6.0 集成开发环境 ··· 5
- 1.2.1 编辑源程序 ··· 5
- 1.2.2 编译和连接 ··· 8
- 1.2.3 执行 ··· 8

1.3 Dev-C++ 集成开发环境 ··· 9
- 1.3.1 下载与安装 ··· 9
- 1.3.2 编辑环境设置 ··· 9
- 1.3.3 编辑源文件 ··· 10
- 1.3.4 编译运行 ··· 11
- 1.3.5 调试语法错误 ··· 11

1.4 Code∷Blocks 集成开发环境 ··· 12
- 1.4.1 下载与安装 ··· 12
- 1.4.2 Code∷Blocks 编程环境配置 ··· 13
- 1.4.3 创建项目 ··· 14

第 2 章 C 语言概述 ··· 17

2.1 C 语言发展概述 ··· 17
2.2 C 语言的特点 ··· 18
2.3 C 语言基本语法概述 ··· 19
- 2.3.1 C 语言的语法特点 ··· 19
- 2.3.2 标识符、常量和变量 ··· 19
- 2.3.3 数据类型 ··· 19
- 2.3.4 运算符与表达式 ··· 21
- 2.3.5 数据的输入与输出 ··· 22
- 2.3.6 分支语句 ··· 24
- 2.3.7 循环语句 ··· 26
- 2.3.8 数组 ··· 28

  2.3.9 函数 ·· 32

  2.3.10 指针 ·· 35

  2.3.11 结构体与共用体 ··· 40

  2.3.12 位运算与文件 ··· 42

第 3 章　C 语言课程设计相关知识 ·· 45

 3.1 图形知识 ·· 45

  3.1.1 图形模式的初始化 ·· 45

  3.1.2 屏幕颜色相关函数 ·· 46

  3.1.3 图形窗口和图形屏幕函数 ·· 47

  3.1.4 画图函数 ·· 48

  3.1.5 封闭图形的填充 ·· 50

  3.1.6 图形模式下的文本输出 ··· 51

 3.2 文件操作知识 ·· 53

  3.2.1 文件的打开与关闭 ·· 53

  3.2.2 文件的读写 ·· 54

  3.2.3 文件的状态 ·· 55

  3.2.4 文件的定位 ·· 56

 3.3 动画技术 ·· 57

  3.3.1 采用延迟与清屏交错的实现方法 ·· 57

  3.3.2 动态开辟视图窗口的方法 ·· 60

  3.3.3 屏幕图像存储再放的方法 ·· 61

  3.3.4 利用页交替的方法 ·· 63

 3.4 中断知识 ·· 65

  3.4.1 编写中断服务程序 ·· 66

  3.4.2 安装中断服务程序 ·· 66

  3.4.3 激活中断服务程序 ·· 67

 3.5 发声技术 ·· 68

  3.5.1 声音函数 ·· 68

  3.5.2 乐谱的计算机表示方法 ··· 69

第 4 章　C 语言课程设计初级实例 ··· 71

 4.1 计算运行时间实例 ·· 71

 4.2 求解勾股数 ·· 72

 4.3 三角形的判断 ·· 73

 4.4 输出任意大小的菱形 ·· 74

 4.5 求解空间两点距离 ·· 75

 4.6 定积分实例 ·· 76

 4.7 统计文本中英文单词个数 ·· 78

4.8　水果拼盘实例 ……………………………………………………………… 79
　4.9　彩色文字实例 ……………………………………………………………… 81
　4.10　猜数游戏实例 …………………………………………………………… 81
　4.11　扑克牌结构实例 ………………………………………………………… 83
　4.12　扑克随机发牌 …………………………………………………………… 84

第 5 章　课程设计高级实例 ……………………………………………………… 87
　5.1　小型数据库实例 1（通信录） ……………………………………………… 87
　5.2　小型数据库实例 2（学生成绩管理系统（链表）） ………………………… 97
　5.3　小型考试系统 …………………………………………………………… 106
　5.4　打字软件 ………………………………………………………………… 118
　5.5　五子棋 …………………………………………………………………… 121

第 6 章　学生宿舍管理系统 ……………………………………………………… 129
　6.1　系统设计目的 …………………………………………………………… 129
　6.2　系统功能描述 …………………………………………………………… 129
　6.3　系统总体设计 …………………………………………………………… 130
　　6.3.1　功能模块 ………………………………………………………… 130
　　6.3.2　数据结构 ………………………………………………………… 131
　　6.3.3　各函数功能 ……………………………………………………… 132
　6.4　系统源码 ………………………………………………………………… 133
　　6.4.1　源码实现 ………………………………………………………… 133
　　6.4.2　运行界面 ………………………………………………………… 137
　6.5　系统编程总结 …………………………………………………………… 140

第 7 章　学生成绩管理系统 ……………………………………………………… 141
　7.1　系统设计目的 …………………………………………………………… 141
　7.2　系统功能描述 …………………………………………………………… 141
　7.3　系统总体设计 …………………………………………………………… 142
　　7.3.1　功能模块 ………………………………………………………… 142
　　7.3.2　数据结构 ………………………………………………………… 144
　　7.3.3　各函数功能 ……………………………………………………… 145
　7.4　系统源码 ………………………………………………………………… 147
　　7.4.1　源码实现 ………………………………………………………… 147
　　7.4.2　运行界面 ………………………………………………………… 161
　7.5　系统编程总结 …………………………………………………………… 165

第 8 章　校园运动会管理系统 …………………………………………………… 166
　8.1　系统设计目的 …………………………………………………………… 166

8.2　系统功能描述 ·· 166
　　8.3　系统总体设计 ·· 167
　　　　8.3.1　功能模块 ·· 167
　　　　8.3.2　数据结构 ·· 168
　　　　8.3.3　各函数功能 ·· 169
　　8.4　系统源码 ·· 171
　　　　8.4.1　源码实现 ·· 171
　　　　8.4.2　运行界面 ·· 180
　　8.5　系统编程总结 ·· 185

第 9 章　图书管理系统 ·· 186

　　9.1　系统设计目的 ·· 186
　　9.2　系统功能描述 ·· 186
　　9.3　系统总体设计 ·· 187
　　　　9.3.1　功能模块 ·· 187
　　　　9.3.2　数据结构 ·· 191
　　　　9.3.3　各函数功能 ·· 192
　　9.4　系统源码 ·· 195
　　　　9.4.1　源码实现 ·· 195
　　　　9.4.2　运行界面 ·· 222
　　9.5　系统编程总结 ·· 226

参考文献 ·· 227

第 1 章 C程序设计集成开发环境介绍

集成开发环境（Integrated Development Environment，IDE）是用于提供程序开发环境的应用程序，一般包括代码编辑器、编译器、调试器和图形用户界面工具。集成了代码编写功能、分析功能、编译功能、调试功能等一体化的开发软件服务套。所有具备这一特性的软件或者软件套（组）都可以叫集成开发环境。C 语言作为一门偏底层的编程语言，历史比较悠久，集成开发环境其实很多，这里只介绍几种常用的集成开发环境。

1.1 Win-TC 1.9.1 集成开发环境

Win-TC 是 Windows 平台下的 C 语言开发工具，它使用了 Turbo C 2.0 为内核，提供 Windows 平台的开发界面，因此也就支持 Windows 平台下的功能，例如剪切、复制、粘贴和查找/替换等操作。与 Turbo C 2.0 相比，Win-TC 在功能上也进行了很大扩充，提供了诸如 C 内嵌汇编等功能。此外，Win-TC 还带有点阵字模工具、注释转换等工具集，为程序的开发提供了很大的帮助。

1.1.1 Win-TC 的特点

Win-TC 作为 Windows 下特有的编译 C 语言的工具，其使用灵活、方便等特点深受用户喜爱，具体来说有以下几方面。

- Windows 下编辑 C 源码，可以充分利 Windows 支持剪贴板和中文的特点。
- Include 和 Lib 路径可自动定位，不用手动设置。
- 具备编译错误捕捉功能。
- 支持 C 内嵌汇编从而实现 C/ASM 混合编程。
- 支持 C 扩展库（自定义 LIB 库）。
- 支持语法加亮功能，并可以自定义设置。
- 没有目录路径限制，甚至可以安装到带有空格的路径文件里。
- 允许自定义设置输入风格，能够实现与 VC 类似的输入风格。
- 可选择是否生成.asm、.map 或.obj 文件，甚至可以指定只生成.exe 文件。
- 稳定的文件操作功能，支持历史记录列表和使用模块。
- 具有行标计数的功能，并可以设置样式。

1.1.2 安装界面

(1) 双击如图 1.1 所示图标。

图 1.1　Win-TC 安装程序图标

(2) 在图 1.2 中选择 Chinese Simplified。

图 1.2　语言选择

(3) 在图 1.3 中选择组件。

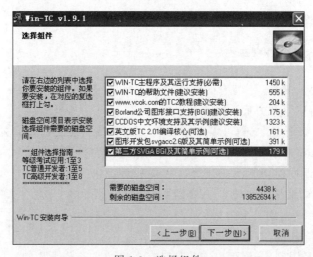

图 1.3　选择组件

注意：如果希望开发图形程序，图 1.3 中选项最好全选。

(4) 安装成功之后单击"完成"按钮即可。

1.1.3 Win-TC 的使用

1. 基本布局

Win-TC 的基本布局如图 1.4 所示,上方显示的是菜单栏和工具栏,包括文件操作(新建、打开、保存等)、编辑操作(剪切、复制、粘贴、查找、替换等)、程序运行操作(编译连接和编译连接并运行)等;中间白色区域是 C 源程序编辑区,我们可以在里面对 C 程序进行编写、修改等工作;下方"输出"区域是程序的输出提示,用于显示错误信息和其他的编译信息等。

图 1.4　Win-TC 的基本布局

2. 使用 C 内嵌汇编

使用 C 内嵌汇编,既可发挥汇编的高效性,又可以发挥 C 的易用性。如果直接用 Turbo C 2.0 来编译带有汇编的 C 源程序,则会出现错误,提示需要连接库文件等,操作起来比较麻烦。在 Win-TC 中,该缺点得到了克服,你既不用记复杂的编译指令,也不用去额外找汇编器。Win-TC 已经准备好这一切,你所需的就只是编写好代码,然后再选择"编译连接并运行"选项即可。例如下面的就是带有汇编的 C 源程序:

```
main ()
{   char * c= "Hello, world\n\rs";
    asm mov ah, 9
    asm mov dx, c
    asm int 33
    getch ();
}
```

在 Win-TC 中直接选择"运行"菜单中的"编译连接并运行"选项即可完成编译和运行工作。

3. 带参数运行程序

在 Win-TC 中,提供了带参数运行的方式,可以让用户很容易地实现带参数程序的执行。具体操作如下。

(1) 选择"运行"菜单中的"使用带参数运行"选项,此时"使用带参数运行"选项前面的"参"字图标凹下去,再单击一下"参"字图标弹起,即取消了带参数运行。

(2) 运行程序,即选择"运行"菜单中的"编译连接并运行"选项,程序运行时将会提示用户输入参数。

(3) 输入参数,单击"完成"按钮即可实现带参数运行。

4. 注释方式转换

Win-TC 是以 Turbo C 2.0 为内核的,仅支持 C 源程序,因此在注释的时候也应该遵从 C 的规范。如果将从其他支持"//"注释的编译器中复制的程序放在 Win-TC 中编译的话,则会提示错误。幸好 Win-TC 自带了一个非常方便的工具,可以将"//"注释转变为 C 规范的"/＊　＊/"。选择"超级工具集"里面的"//注释转/＊＊/"选项即可实现该功能。

5. 中文 DOS 环境运行

如果程序中有中文要输出,则直接用 Win-TC 不能显示,不过 Win-TC 自带了中文 DOS 环境。在中文 DOS 环境下,不仅可以达到直接显示中文文本的目的,而且可以实现中文输入。

在编译连接并生成可执行的.exe 文件后,选择"超级工具集"里面的"中文 DOS 环境运行"选项,将弹出如图 1.5 所示的"中文 DOS 环境运行"对话框,在"选择需要运行的程序"下的文本框中会默认打开当前文件编译后生成的相应.exe 文件路径,如果需要运行其他的程序,可以使用"浏览"按钮选择需要运行的文件名,选择好后单击"运行程序"按钮,将启动中文 DOS 运行程序。

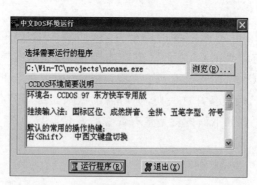

图 1.5 "中文 DOS 环境运行"对话框

注意:中文 DOS 运行工具将严格区分可执行程序类型,32 位 PE 和 16 位 NE 程序将限制运行,也就是说只能运行 DOS 下的.exe 程序。

6. 点阵字模工具

图形模式下显示汉字,一直是一个很难解决的问题。不仅是 BGI,其他的 DOS 图形驱动包都很少有对中文字符直接提供支持的功能。通常采用的解决方法是读点阵字库的方法。但是对于需要使用数种不同字体和大小的中文显示,则需要将使用的字库文件全部带上,这样运行的程序会很大而且涉及字模运算和转置,这些都比较麻烦。实际上真正需要汉字库中大部分字模的情况很少,一般的图形程序需要显示的汉字都非常少,大概 30 个以内。因此就可以采用静态字模的方法,而静态字模最大问题就是如何提取字模的问题。Win-TC 在这个问题上采用了一个比较好的解决方式——字模提取。使用 Windows 丰富的字体资源,将其生成的字型提取成点阵字模方式,然后使用一个简单的函数(Win-TC 已自带)读取字模显示,形成了一种小型集成字库的解决方案。

图 1.6 是一个点阵字模的示例,图中显示了"好"字的楷体 16 点阵字模。

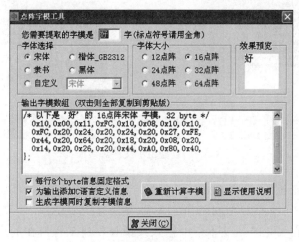

图 1.6 "点阵字模工具"对话框

1.2 Visual C++ 6.0 集成开发环境

Visual C++ 是一个功能强大的可视化软件开发工具。自 1993 年 Microsoft 公司推出 Visual C++ 1.0 后,随着其新版本的不断问世,Visual C++ 已成为专业程序员进行软件开发的首选工具。

Visual C++ 6.0 不仅是一个 C++ 编译器,而且是一个基于 Windows 操作系统的可视化集成开发环境。Visual C++ 6.0 由许多组件组成,包括编辑器、调试器以及程序向导(AppWizard)、类向导(Class Wizard)等开发工具。这些组件通过一个名为 Developer Studio 的组件集成为和谐的开发环境。

1.2.1 编辑源程序

简单地说,用 Visual C++ 6.0 来编制一个 C 程序,可以分为两个步骤:创建工程和创建文件。

1. 创建工程

在开始编程之前必须了解"工程"的概念。用 Visual C++ 6.0 编写任何一个程序前都必须首先创建一个工程(project)文件,一个工程就好像一个工作间,以后这个程序所涉及的所有文件、资源等元素都将装入这个工程文件中,各个工程文件之间互不干扰。工程的概念使得我们的编程工作变得更有条理,更模块化。

创建一个工程文件的具体过程如下。

(1) 先运行 Visual C++ 6.0,选择 File 菜单下的 New,会出现 New 对话框,如图 1.7 所示。

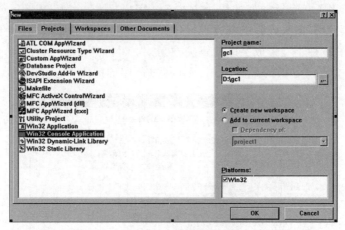

图 1.7 创建工程文件对话框

(2) 在 New 对话框中,选择 Projects 标签。

(3) 选择 Win32 Console Application 选项,然后在 Project name 文本框中输入新建工程的名称,如 gc1。在 Location 文本框中输入或选择新建工程所在的位置,如 D:\gc1。单击 OK 按钮,进入 Win32 Console Application-Step1 of 1 界面,如图 1.8 所示。

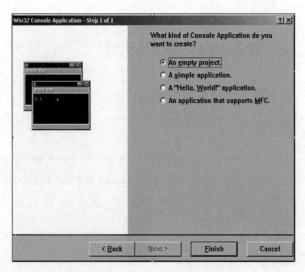

图 1.8 Win32 Console Application-Step1 of 1

(4) 选择 An empty project 项,单击 Finish 按钮,系统显示 New Project Information 界面,如图 1.9 所示。单击 OK 按钮完成新工程的创建过程。系统自动返回到 Visual C++ 6.0 主窗口。即进入了真正的编程环境。

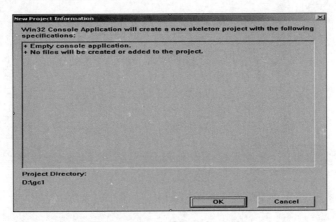

图 1.9 New Project Information

2. 创建文件

在 Visual C++ 6.0 中,所有的文件都应该创建在相应的工程文件之中。如在上面的工程文件 gc1 中创建一个名为 test1 的文件,具体过程如下。

(1) 打开工程文件 gc1,选择 File 菜单下的 New,出现如图 1.10 所示的 New 对话框。

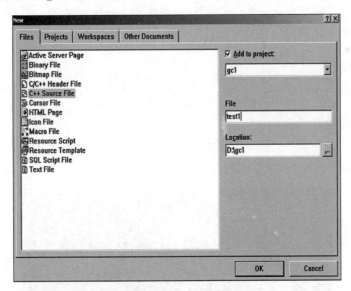

图 1.10 New 对话框

(2) 在 New 对话框中,选择 Files 标签。

(3) 选择 C++ Source File 选项,在 File 文本框中输入文件名,如 test1。

(4) 单击 OK 按钮,系统自动返回 Visual C++ 6.0 主窗口,并显示文件编辑窗口,如图 1.11 所示。在文件编辑窗口中输入源程序。

图 1.11 文件编辑窗口

1.2.2 编译和连接

源程序文件编辑完成后,要进行编译、连接,生成可执行目标代码文件。具体操作如下。

(1) 选择主窗口菜单栏中的 Build 选项。

(2) 在 Build 子菜单中选择 Build 命令(或按键盘上的功能键 F7),系统开始对程序文件进行编译和连接,并生成以项目名称命名的可执行目标代码文件,如 gc1.exe。

1.2.3 执行

执行程序时,可选择 Build 菜单中的 Execute 命令,或者单击主窗口编译工具栏上的 ! 按钮(对应的快捷键是 Ctrl+F5)。

程序运行成功,屏幕上会输出执行结果,并提示信息 Press any key to continue,如图 1.12 所示。按任意键即可使系统自动返回 Visual C++ 6.0 主窗口。

图 1.12 运行窗口

1.3 Dev-C++ 集成开发环境

Dev-C++ 是一个 Windows 下的 C 和 C++ 程序的集成开发环境。它使用 MingW32/GCC 编译器，遵循 C/C++ 标准。开发环境包括多页面窗口、工程编辑器及调试器等，在工程编辑器中集合了编辑器、编译器、连接程序和执行程序，提供高亮度语法显示，以减少编辑错误，还有完善的调试功能，是学习 C 或 C++ 的优秀工具。它的多国语言版中包含简、繁体中文语言界面及技巧提示。

1.3.1 下载与安装

Dev-C++ 的原始下载网站是 http://www.bloodshed.net，但该网站无法直接访问，需要使用代理。在网上还有很多 Dev-C++ 的镜像，用"Dev-CPP"或"Dev-C++"作为关键字在搜索引擎中搜索，可以找到不少下载站点。目前 Dev-C++ 的最新版本是 5.11。安装过程很简单。安装后第一次运行时，记得语言选择"简体中文/Chinese"，如图 1.13 所示。

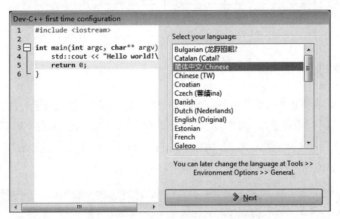

图 1.13 选择"简体中文/Chinese"

1.3.2 编辑环境设置

如果安装过程中选择中文，可以选择菜单栏上的 Tools→Environment Options，如图 1.14 所示。在弹出的对话框中单击 General 标签，然后在右边的 Language 下拉列表框中选择"简体中文/Chinese"，如图 1.15 所示，设置以后软件界面语言即为简体中文。

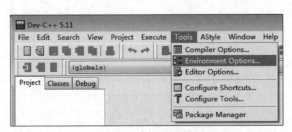

图 1.14 编辑环境设置

图 1.15 编辑环境设置对话框

1.3.3 编辑源文件

选择"文件"菜单中的"新建"命令,可以新建源代码或工程,如图 1.16 所示。为了以后调试方便,应直接新建源代码。如果建立工程并在工程中添加源文件,则不能直接调试。新建源代码后,就编写相应源程序,例如输出"This is Dev-c++ !!",如图 1.17 所示。保存时可以将文件保存为.cpp(C++ 源程序)或.c(C 源程序)文件。

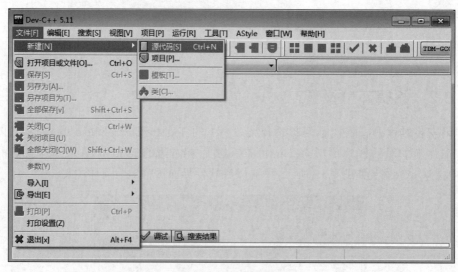

图 1.16 新建源代码

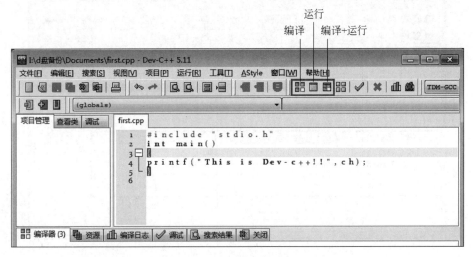

图 1.17　程序的编译和运行

1.3.4　编译运行

选择"运行"菜单中的"编译[C]"命令，或者按 Ctrl＋F9 键，或者如图 1.17 所示单击快捷栏中的"编译"按钮，可以编译源程序。再选择"运行"菜单中的"运行[R]"命令，或者按 Ctrl＋F10 键，或者如图 1.17 所示单击快捷栏中的"运行"按钮，可以运行程序。

1.3.5　调试语法错误

如果输入如下程序：

```
#include "stdio.h"
int main()
{
  a=5;
  print("a=%d",a);
  return 0;
}
```

选择"编译"命令，会显示如图 1.18 所示信息，表示程序中有两条语法错误。每条错误会显示所在的行号、所在的源程序文件，以及具体错误信息。双击每条错误，会在编辑器中高亮显示该错误所在的行。图 1.18 中有两条错误，分别在第 4 和第 5 行。第一条错误是 a 没有声明过，即 a 没有定义。第二条错误是 print 没声明过，实际上是因为 printf()函数少输入一个字母 f。

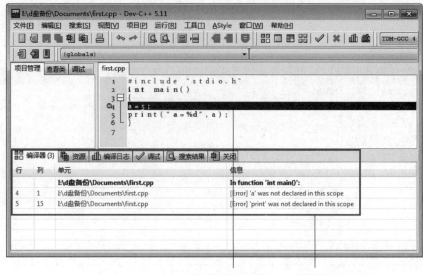

第一条错误所在行　　错误信息

图 1.18　错误调试

1.4　Code::Blocks 集成开发环境

Code::Blocks 是一款开源、免费、跨平台的集成开发环境。Code::Blocks 支持十几种常见的编译器,安装后占用较少的硬盘空间,个性化特性十分丰富,功能十分强大,而且易学易用。本书介绍的 Code::Blocks 集成了 C/C++ 编辑器、编译器和调试器,使用它可以很方便地编辑、编译和调试 C/C++ 应用程序。Code::Blocks 具有很多实用的个性化特性,这里只简单介绍少数几个常用的特性。

1.4.1　下载与安装

Code::Blocks 下载的官方网址为 http://www.codeblocks.org,登录主页后选择 Downloads,再选择 Download the binary release,如图 1.19 所示。

图 1.19　Code::Blocks 下载

根据自己机器的系统是 Windows 还是 Linux 或 Mac OS，选择不同的链接进行下载。安装过程中安装内容可以全选，注意要选中 MinGW Compiler Suite 项才能进行编译。如图 1.20 所示。安装路径可以自己选择，也可以使用默认的路径，记住这个默认的路径或你自己选择的路径，之后会用它进行设置，如图 1.21 所示。

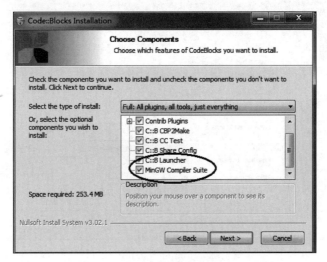

图 1.20　选中 MinGW Compiler Suite 项

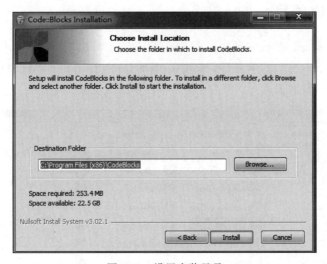

图 1.21　设置安装目录

1.4.2　Code∷Blocks 编程环境配置

软件安装后，使用时需要先设置编译器的路径，选择 Setting 菜单中的 Editor 命令，打开 Compiler settings 窗口，在 Compiler settings 窗口中设置默认的编译器为 GNU GCC Compiler，在 Toolchain executables 选项卡中设置编译器安装路径为刚才安装的路径中的子文件夹 bin，如图 1.22 所示。

图 1.22　Compiler settings 窗口

1.4.3　创建项目

软件设置好后,选择 File→New→Project 命令,新建项目,项目类型选择 Console application,如图 1.23 所示。单击 Go 按钮后,出现 Console application 对话框,如图 1.24 所示,选择 C 或 C++,最后输入项目名字,选择项目存储的位置。

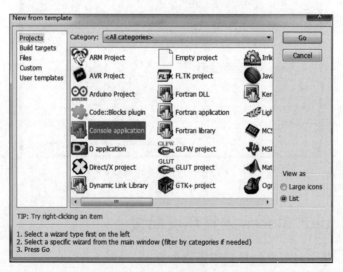

图 1.23　新建项目

在项目管理器中找到 main.c 并双击,出现编辑界面,如图 1.25 所示,有一些自带的代码,用户可以在此基础上改写自己的程序。

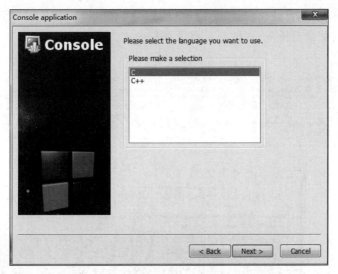

图 1.24　选择源代码类型

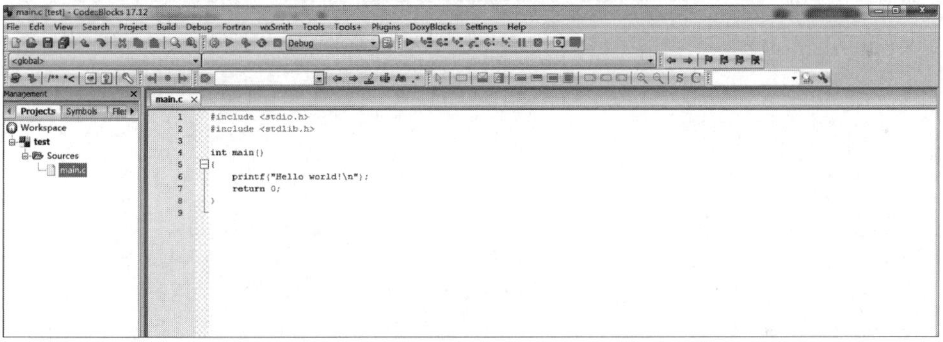

图 1.25　编辑界面

如果程序中有语法错误，编译后会出现提示，如图 1.26 所示，需要改正到没有错误。

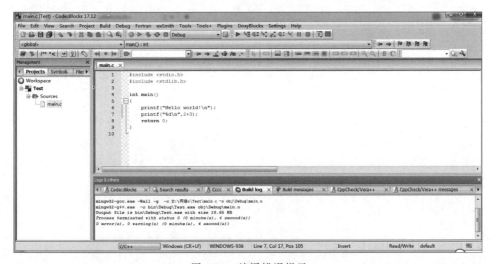

图 1.26　编译错误提示

若没有语法错误,运行时会出现黑屏窗口,如图1.27所示,如果程序只有输出,就能看见运行结果了;若题目有输入,则按题目要求进行输入。

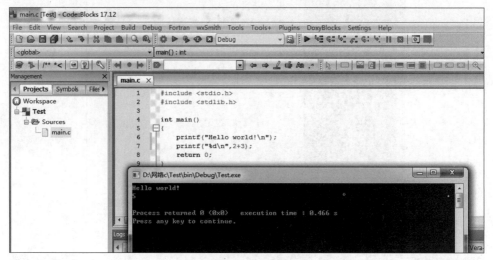

图1.27 运行界面

第 2 章 C语言概述

C语言是比较流行的高级程序设计语言之一。它不但具有一般高级语言的特点,又可以像汇编语言一样,对硬件内存的位、字节直接进行操作,其运行效率非常高。

2.1 C语言发展概述

C语言的发展与操作系统 UNIX 密不可分,它是在 B 语言的基础上发展起来的,其根源可以追溯到 ALGOL 60。

1960 年出现的 ALGOL 60 是一种面向过程的高级语言,它离硬件比较远,不适合用来编写系统程序。1963 年,剑桥大学推出了 CPL(Combined Programming Language)语言,CPL 语言在 ALGOL 60 的基础上更接近硬件一些,但规模比较大。1967 年,剑桥大学的 Matin Richards 对 CPL 语言做了简化,推出了 BCPL(Basic Combined Programming Language)语言。

UNIX 系统的早期版本是用汇编语言编写的。但是汇编语言可读性和可移植性都比较差,效率也不高、编程比较困难,因此在 1970 年,UNIX 开发者——美国贝尔实验室的 Ken Thompson 以 BCPL 语言为基础,设计出更为简单的而且非常接近硬件的 B 语言,并用 B 语言编写了 UNIX 操作系统和绝大多数上层应用程序。

但是 B 语言过于依赖机器、也过于简单,功能很有限。为了克服 B 语言的局限性,1972 年,贝尔实验室的 D.M.Ritchie 在 B 语言的基础上又设计出了 C 语言。

C 语言既保持了 BCPL 和 B 语言的优点(精炼,接近硬件),又克服了它们的缺点(过于简单,数据无类型等)。C 语言最初只是为了描述和实现 UNIX 操作系统而设计的一种工作语言,1973 年,K.Thompson 和 D.M.Ritchie 两人合作把 UNIX 的 90% 以上部分用 C 改写(即 UNIX 第 5 版)。后来,C 语言又多次做了改进,直到 1975 年 UNIX 第 6 版公布后,C 语言的突出优点才引起人们的普遍注意。到 1977 年出现了不依赖于具体机器的 C 语言编译文本《可移植 C 语言编译程序》,使 C 移植到其他机器时所需要的工作大大简化了。到了 20 世纪 80 年代,C 开始进入其他操作系统,并很快在各类大、中、小和微型计算机上得到了广泛的使用。从而成为当代最优秀的程序设计语言之一。

以 1978 年发表的 UNIX 第 7 版中的 C 编译程序为基础,Brian W.Kernighan 和 Dennis M.Ritchie(合称 K&R)合著了影响深远的名著 The C Programming Language,该书介绍的 C 语言后来被称为标准 C,成为被广泛使用的 C 语言版本的基础。1983 年,美国国家标准化协会(ANSI)根据 C 语言问世以来各种版本对 C 的发展和扩充,制定了新的标准,称为 ANSI C。ANSI C 比原来的标准 C 有了很大的发展。1988 年,K&R 修改了他们的经典著作 The C Programming Language,按照 ANSI C 标准又重写了该书。1987 年,ANSI 再次公布了新的标准——87ANSI C。目前比较流行的 C 编译系统都是以它为基础的。

随着面向对象编程技术的出现,在进一步扩充和完善 C 语言基础上,又出现了 C++。Java、C++ 等面向对象语言(第四代语言)是 C 语言的发展。但是,C 是 C++ 的基础,C++ 语言和 C 语言在很多方面是兼容的。在掌握了 C 语言后,再进一步学习 C++,就能以一种熟悉的语法来学习面向对象的语言,从而达到事半功倍的目的。

2.2 C 语言的特点

相对于其他高级语言,C 语言有很多优点,概括起来,其主要特点如下。

(1) 语言简洁紧凑,使用方便灵活,运算符丰富。

C 语言一共有 32 个关键字和 9 种控制语句,它们构成了 C 语言的全部指令。C 程序比其他程序简练,源程序短,采用的表达方式简洁,书写形式自由,主要用小写字母表示,压缩了一切不必要的成份。

C 语言共有 34 种运算符。C 把括号、赋值、强制类型转换等都作为运算符处理。从而使 C 语言的运算类型极其丰富,表达式类型也多样化,通过灵活使用各种运算符可以实现在其他高级语言中难以实现的运算。

(2) 表达能力强。

C 语言可以完成通常要由其指令来实现的算术及逻辑运算,也可以直接处理字符、数字、地址,还能够进行位操作,汇编语言的大部分功能都可以实现。

(3) 数据结构丰富,具有现代化语言的各种数据结构。

C 语言具有丰富的数据结构。其数据类型除有整型、实型、字符型、数组类型、指针类型等基本数据结构类型外,还可以构造结构体类型、共用体类型等新的数据类型,也能用来实现各种复杂的数据结构(链表、树、栈等)运算。

(4) C 语言是一种结构化程序设计语言。

结构化程序结构清晰、可读性强、代码质量和运行效率都很高。C 语言具有功能很强的选择、循环等结构化控制语句(如 if-else 语句、while 语句、do-while 语句、for 语句)。函数是构成 C 语言的基本单位,C 语言是以函数形式提供给用户的,用函数作为程序模块以实现程序的模块化。因此,C 语言是结构化的理想语言,符合现代编程风格要求。

(5) 可对硬件直接进行操作。

C 语言可以直接访问物理地址,能进行位(bit)操作,能实现汇编语言的大部分功能,可以直接对硬件进行操作。

(6) 生成目标代码质量高,程序执行效率高。

相对汇编语言而言,许多高级语言的代码效率要低得多,C 语言则不然。据统计实验表明,针对同一问题,C 语言的代码效率只比汇编语言低 10%~20%。

(7) 可移植性好(与汇编语言相比)。

移植是指程序从一个环境不加改动或稍加改动就可以在另一个环境中运行。C 语言标准化程度高,其编译系统已在多种类型的计算机上实现,因此 C 程序移植起来非常容易。基本上不做修改就能用于各种型号的计算机。

2.3 C 语言基本语法概述

2.3.1 C 语言的语法特点

(1) C 程序是由函数构成的,其中必须有且只有一个主函数 main()。
(2) 函数体是由左右花括号括起来的。
(3) 一个 C 程序总是从 main()函数开始执行的。
(4) C 语言中的每条基本语句都以";"结束。
(5) C 语言书写格式自由,一行可以写一条语句,也可以写多条语句。
(6) C 语言本身没有输入、输出语句。输入和输出操作都是由库函数 scanf()和 printf()等函数来完成的。
(7) 用/ * … * /可以对 C 程序中的任何部分作注释。

2.3.2 标识符、常量和变量

标识符:由英文字母、数字、下画线组成,且第一个字符必须是字母或下画线,一般不超过 8 个字符。另外大小写字母的含义不同;还有不能够使用 C 语言中的关键字做标识符;再有用户取名时,应当尽量遵循"简洁明了"和"见名知意"的原则。

常量:在程序运行过程中其值不能被改变的量。

注意:符号常量就是用一个标识符代表一个常量。但在程序中必须用 define 进行说明。例如"♯define　N　30",这里 N 就是一个字符常量,编程时直接用 N 来表示字符串 30。

变量:在程序的执行过程中其值可以被改变的量。

注意:使用变量前,一定要先定义后使用。因为每一个变量属于一种类型,在编译时为其分配一定的存储单元,并依据此类型检查该变量所进行的运算是否合法。

变量的初始化:就是在定义变量的同时给变量赋予初值。

2.3.3 数据类型

1. 整型数据

整型常量:
(1) 十进制整数:以数码直接开头的常量是十进制数。如 1234、−234。
(2) 八进制整数:以 0 开头的常量是八进制数。如 011。
(3) 十六进制整数:以 0x 开头的常量是十六进制数。如 0x123。
整型变量如表 2.1 所示。

表 2.1 整型变量说明表

整型数据类型	关　键　字	所占位数	所占字节	数的表示范围
基本型	int	16	2	$-2^{15} \sim 2^{15}-1$
短整型	short int	16	2	$-2^{15} \sim 2^{15}-1$
长整型	long int	32	4	$-2^{31} \sim 2^{31}-1$
无符号整型	unsigned int	16	2	$0 \sim 2^{16}-1$
无符号短整型	unsigned short	16	2	$0 \sim 2^{16}-1$
无符号长整型	unsigned long	32	4	$0 \sim 2^{32}-1$

2. 浮点型数据

1) 浮点型常量

(1) 十进制数形式：它是由数字和小数组成。

(2) 指数形式：如 0.00123 用指数法可表示为 1.23e-3。

注意：字母 e 或 E 之前(即尾数部分)必须有数字；同时 e 或 E 后面的指数部分必须是整数。

2) 实型变量

(1) 单精度(float)：占 4 字节，有效位为 7 位，数值范围为 $10^{-38} \sim 10^{38}$。

(2) 双精度(double)：占 8 字节，有效位为 15~16 位，数值范围约为 $10^{-308} \sim 10^{308}$。

3. 字符型数据

(1) 字符型常量：由一对单引号括起来的单个字符。一个字符型常量的值就是该字符集中对应的 ASCII 码值。

(2) 转义字符：特殊形式的字符常量，它以'\'开头，如表 2.2 所示。

表 2.2 转义字符

换码序列	意　　义	换码序列	意　　义
\n	回车换行	\r	回车
\b	左退一格	\t	横向跳格字符
\f	换页	\0	空值(NULL)
\'	单引号	\"	双引号
\v	竖向跳格	\000	1 至 3 位八进制所代表的字符
\\	反斜线	\xhh	1 至 2 位十六进制所代表的字符

(3) 字符型变量：用来存放一个字符的 ASCII 码值，它在内存占一字节。字符型变量分为两种类型：一般字符型(char)和无符号字符型(unsigned char)。

(4) 字符串常量：由一对双引号括起来的字符序列。C 语言中规定以'\0'作为字符串结束标志，字符'\0'由系统自动加入到每个字符串的结尾。

2.3.4 运算符与表达式

C 的运算符根据运算对象的个数可以分为单目运算符、双目运算符和三目运算符。

运算符的优先级是指不同的运算符计算时的先后顺序。

运算符的结合性是指当一个运算对象两侧的运算符的优先级相同时,进行运算处理的结合方向。其结合方向分为:自左向右和自右向左。

1. 算术运算符及其表达式

算术运算符包括加、减、乘、除及取模 5 种,分别用+、-、*、/及%表示。
C 语言有如下规定。
(1) 模运算符%,仅用于整型变量或整型常量。
(2) 优先级:乘、除、取模的优先级高于加、减的优先级。
(3) 结合方向:算术运算符的结合方向是从左至右。

算术表达式是由算术运算符、括号及操作对象组成的符合 C 语言语法规则的表达式。

2. 赋值运算符及其表达式

赋值运算符"="的作用是将一个数据赋给一个变量。

赋值运算符"="之前加上其他运算符就可构成复合运算符,如+=等。

赋值表达式:<变量> <赋值运算符> <表达式>。

3. 增 1、减 1 运算符及其表达式

i++(或 i--)表示在使用该表达式值之后将 i 值加 1(或减 1)。

++i(或--i)表示在使用该表达式值之前将 i 值加 1(或减 1)。

注意:++和--仅适用于变量,不能用于常量或表达式。

4. 关系运算符及其表达式

关系运算符均为两目运算符,共有 6 种:>、<、>=、<=、==、!=。前 4 个运算符的优先级高于后 2 个。结合方向是自左向右。

关系运算符要求两个操作数是同一种数据类型。

关系表达式是由关系运算符将两个表达式连接起来的有意义的式子。关系表达式的值是一个逻辑值,即真或假。用 1 表示真,用 0 表示假。

5. 逻辑运算符及其表达式

逻辑运算符有 &&(逻辑与)、||(逻辑或)和!(逻辑非)3 种。其中 && 和 || 为双目运算符,并为自左向右结合方向;!为单目运算符,仅对其右边的对象进行逻辑求反运算。逻辑运算符的操作对象应为零或非零整数值。

逻辑表达式是由逻辑运算符及其操作对象组成的表达式。

6. 位运算符

位运算符包括：&、|、~、<<、>>、^。在位运算符中，~的优先级最高，其次是<<和>>，然后依次是&、^和|。

注意：这些运算符除~之外，均为双目运算符，即要求两侧各有一个运算量；运算量只能是整型或字符型的数据，不能是实型数据。

7. 逗号运算符及其表达式

逗号运算符为","。逗号表达式是用逗号运算符把两个表达式连接起来。
其一般形式为：

<表达式 1>,<表达式 2>

说明：

(1) 逗号表达式的执行过程是：先求表达式 1 的值，再求表达式 2 的值，表达式 2 的值就是整个逗号表达式的值。

(2) 逗号运算符是所有运算符中级别最低的。

(3) 逗号表达式的一般形式可以扩展如下

<表达式 1>,<表达式 2>,<表达式 3>,……<表达式 N>

表达式 N 的值是整个表达式的值。

8. 条件运算符及其表达式

条件运算符是一个三目运算符，它把三个表达式组合成一个表达式。
其一般形式为：

<表达式 1>？<表达式 2>：<表达式 3>

注意：其执行过程为：先计算<表达式 1>的值，如果该值为真（非 0 值），则计算<表达式 2>的值，并且把该值作为条件表达式的值。若<表达式 1>的值为假(0)，则计算<表达式 3>的值，并将该值作为条件表达式的值。

2.3.5 数据的输入与输出

1. 字符数据的输入与输出

1) putchar()函数
格式：

putchar(c);

功能：向终端输出一个字符。
注意：括号内的 c 可以是单个字符常量或单个字符变量，也可以是整型变量。

2) getchar()函数

格式：

```
getchar();
```

功能：从键盘上接收输入的一个字符。

2．数据按格式输入与输出

1) printf()函数

格式：

```
printf("格式控制符",输出表列);
```

说明："格式控制符"是用双引号括起来的字符串。包括格式说明、普通字符和转义字符。其中格式控制符由"％"和格式字符组成，其作用是将要输出的数据转换为指定格式后输出。常用的格式符如表 2.3 所示。

表 2.3　格式控制符

格式字符	功　　能
d	按十进制形式输出带符号的整数(正数前无＋号)
o	按八进制形式无符号输出(无前导 0)
x	按十六进制形式无符号输出(无前导 0x)
u	按十进制无符号形式输出
c	按字符形式输出一个字符
f	按十进制形式输出单、双精度浮点数(默认 6 位小数)
e	按指数形式输出单、双精度浮点数
s	输出以'\0'结尾的字符串
ld	长整型输出
lo	长八进制整型输出
lx	长十六进制整型输出
lu	按无符号长整型输出
m	按宽度 m 输出,右对齐
－m	按宽度 m 输出,左对齐
m,n	按宽度 m,n 位小数,或截字符串前 n 个字符输出,右对齐
－m,n	按宽度 m,n 位小数,或截字符串前 n 个字符输出,左对齐

2) scanf()函数

格式：

```
scanf("格式控制符",地址表列);
```

功能：用来输入任何类型的数据,可以同时输入多个相同类型或不同类型的数据。

说明：

(1)"格式控制符"的含义同 printf()函数。

(2)地址表列由"&+变量名"组成,多个地址之间用","分隔。

(3)当输入多个整型或浮点型数据时,例如当输入三个整数时,其格式控制符可以为"%d%d%d",此时输入的数据之间用空格(一个或多个)、Enter 键或 Tab 键分隔都是合法的；若格式控制符为"%d,%d,%d"时,必须用","分隔,即要求输入数据的格式必须与"格式控制"的情况完全一样。

2.3.6　分支语句

1. C 语句概述

C 语句分为 5 类。

1) 控制语句：完成一定的控制功能。

(1) if-else(条件语句)。

(2) for(循环语句)。

(3) while(循环语句)。

(4) do-while(循环语句)。

(5) continue(结束本次循环语句)。

(6) break(中止执行 switch 或循环语句)。

(7) switch(多分支选择语句)。

(8) goto(转向语句)。

(9) return(从函数返回语句)。

2) 函数调用语句

由一次函数调用加一个分号构成一条语句。

例如：

```
printf("This is a C statement.");
```

3) 表达式语句

由一个表达式加一个分号构成一条表达式语句。

例如：

```
a>b;
```

4) 空语句

由单独一个分号组成。

5) 复合语句

用{ }把一些语句括起来成为复合语句,又称为分程序。

2.3 种基本结构

顺序结构：是最简单的 C 程序语句,执行时按从上到下的顺序依次执行。

选择结构：是通过对一个特定条件的判断来选择一个分支执行，常见的语句类型为 if-else 语句和 switch 语句。

循环结构：是在给定的条件下，重复执行某段程序，直到不满足条件为止。它包括 3 种类型的语句：while 语句、do-while 语句和 for 语句。

3. 条件语句

条件语句有 3 种形式。

1) if 语句的第一种形式

格式：

```
if(表达式)<语句>
```

功能：首先计算表达式的值，若表达式的值为真(为非 0)，则执行语句；若表达式的值为假(为 0)，不执行语句。

2) if 语句的第二种形式

格式：

```
if(表达式)    <语句 1>
else         <语句 2>
```

功能：首先计算表达式的值，若表达式的值为真(为非 0)，则执行语句 1；若表达式的值为假(为 0)，则执行语句 2。

3) if 语句的第三种形式

格式：

```
if(表达式 1) <语句 1>
else   if(表达式 2)    <语句 2>
     else   if(表达式 3)    <语句 3>
        ⋮
            else   if(表达式 n)    <语句 n>
                 else   <语句 n+1>
```

功能：首先计算各表达式的值，若第 n 个表达式的值为真(为非 0)，则执行语句 n；若所有的表达式的值都为假(为 0)，则执行语句 n+1。

注意：

- if 语句中的表达式可以是 C 语言的合法表达式。
- 第二种、第三种格式的 if 语句中，在每个 else 前面有一个分号，整个语句结束处也有一个分号。这是由于分号是 C 语句中不可缺少的部分，这个分号是 if 语句中的内嵌语句所要求的。
- 在 if 和 else 后面可以只含有一条内嵌的操作语句，也可以含有多条操作语句，此时应用花括号"{ }"将几条语句括起来，构成一条复合语句。
- 条件语句中，if 的个数一定不小于 else 的个数，因为每个 else 的前面必须有一个 if 与之相对应，但 if 后不一定有 else。
- else 总是与它上面最近的且未曾使用过的 if 相配对，与书写格式无关。

4. 开关(switch)语句

switch 语句是多分支选择语句,其一般形式如下:

```
switch(表达式)
    { case<常量表达式 1>: <语句 1>
        case<常量表达式 2>: <语句 2>
            ⋮
        case<常量表达式 n>: <语句 n>
        default:<语句 n+1>
    }
```

switch 语句的执行过程是:首先计算 switch 后面圆括号内表达式的值,若此值等于某个 case 后面的常量表达式的值,则转向该 case 后面的语句去执行;若表达式的值不等于任何 case 后面的常量表达式的值,则转向 default 后面的语句去执行;如果没有 default 部分,则不执行 switch 语句中的任何语句,而直接转到 switch 语句后面的语句去执行。

注意:
- switch 后面圆括号内的表达式必须是整型量表达式,即可以是整型或字符型,也可以是枚举型。
- case 后面必须有空格,紧接着是常量表达式。
- 同一个 switch 语句中的所有 case 后面的常量表达式的值都必须互不相同。
- switch 语句中的 case 和 default 的出现次序是任意的,也就是说 default 也可以位于 case 的前面,且 case 的次序也不要求按常量表达式的大小顺序排列。
- 由于 switch 语句中的"case<常量表达式>"部分只起标号的作用,而不进行条件判断,所以,在执行完某个 case 后的语句后,将自动转到该语句后面的语句去执行,直到遇到 switch 语句的右花括号或 break 语句为此,而不再进行条件判断。所以在执行完一个 case 分支后,一般应跳出 switch 语句,转到下一条语句执行,这样可在一个 case 结束后,下一个 case 开始前,插入一条 break 语句,一旦执行到 break 语句,将立即跳出 switch 语句。
- 每个 case 的后面既可以是一条语句,也可以是多条语句,当是多条语句的时候,也不需要用花括号括起来。
- 多个 case 的后面可以共用一组执行语句。

2.3.7 循环语句

1. 用 goto 语句和 if 语句构成循环

其一般形式为:

语句标号: 语句;
 ⋯
if(条件表达式)   goto   语句标号;

说明:语句标号必须用标识符表示,goto 语句与 if 语句一起构成循环结构;当条件表达式成立时,重复执行语句标号到 if 语句之前的内容。

注意: goto 语句的用法不符合结构化原则,一般不宜采用。

2. while 语句

格式:

```
while(表达式)
    <语句>
```

功能:当表达式的值为非 0 时,执行 while 语句中的循环体;当表达式的值为 0 时,结束循环,继续执行循环体下面的语句。

注意: 循环体如果包含一条以上语句,应该用花括号括起来,以复合语句的形式出现,否则 while 语句范围只到 while 后面第一个分号处。

在循环体中应有使循环趋向于结束的语句,即设置修改循环条件的语句。

3. do-while 语句

格式:

```
do
    <语句>
while(表达式)
```

功能:先执行一次指定的语句,然后判断表达式的值,当表达式的值为非 0(真)时,返回重新执行该语句,如此反复,直到表达式的值等于 0 为止,此时循环结束。

注意: 循环体部分如果有多条语句,则必须用左右花括号括起来,使其形成复合语句。

用 while 语句和用 do-while 语句处理同一问题时,若二者的循环体部分一样,其结果也一样。但在 while 后面的表达式一开始就为假(0 值)时,两种循环的结果是不同的。

4. for 语句

格式:

```
for(表达式 1;表达式 2;表达式 3)
    <循环体语句>
```

for 语句的执行过程是:先计算表达式 1 的值;然后计算表达式 2 的值,若结果为真(非 0),则执行后面的循环体中的各语句;若为假,则结束循环;进行表达式 3 的计算,至此完成一次循环;再次计算表达式 2 的值,开始再次循环,直到计算表达式 2 的值为 0,中止循环。

注意:

- for 语句中条件测试总是在循环开始时进行。如果循环体部分是多条语句组成的,则必须用左、右花括号括起来,使其成为一个复合语句。for 语句中的表达式 1 和表达式 3 既可以是一个简单的表达式,也可以是逗号连接的多个表达式,此时的逗号作为运算符使用。在逗号表达式内按自左至右顺序求解,整个逗号表达式的值为其中最右边的表达式的值。for 语句的格式中的表达式 1 可以省略,此时应在 for 语句之前给循环变量赋初值。
- 省略表达式 1 时,其后的分号不能省略。如果表达式 2 省略,即不判断循环条件,循环将无终止地进行下去。也就是认为表达式 2 始终为真。表达式 3 也可以省略,但此时程序设计应另外设法保证循环能正常结束。可以省略表达式 1 和表达式 3,只有表达式 2,即只给循环条件。3 个表达式都可以省略,如:for(; ;) 语句相当于 while(1) 语句。即不设初值,不判断条件(认为表达式 2 为真值),循环变量不增值,无终止地执行循环体。

- 表达式 1 可以是设置循环变量初值的赋值表达式,也可以是与循环变量无关的其他表达式。表达式 3 也可以是与循环控制无关的任意表达式。
- 表达式 2 一般是关系表达式(如 i<=100)或逻辑表达式(如 a<b&&x<y),但也可以是数值表达式或字符表达式,只要其值为非 0,就执行循环体。

5. 循环的嵌套

在一个循环内又完整地包含另一个循环,称为循环的嵌套。循环的嵌套分为双重循环和多重循环。

6. break 语句和 continue 语句

1) break 语句

格式:

```
break;
```

功能:break 语句可以用于 switch 语句或循环语句中。在 switch 语句中,其作用是跳出 switch 语句,转入 switch 外的下一条语句;在循环语句中,其作用是跳出该层循环,转到下一条语句。

注意:break 语句不能跳出多层循环,如果需要跳出多重循环可以用 goto 语句实现。几种循环中,主要是在循环次数不能预先确定的情况下使用 break 语句,在循环体中增加一个分支结构。当某个条件成立时,由 break 语句退出循环体,从而结束循环过程。

2) continue 语句

格式:

```
continue;
```

功能:跳过循环体中位于 continue 语句后面的尚未执行的语句,转去判断是否继续进行下一次循环。

注意:continue 语句只结束本次循环,不是终止整个循环的执行。而 break 语句则是结束循环,不再进行判断。如果 continue 语句是循环体的最后一句,则不起任何作用。

2.3.8 数组

1. 一维数组的定义、引用和初始化

1) 一维数组的定义

格式:

类型说明符 数组名[常量表达式];

功能：定义一个一维数组,常量表达式的值就是数组元素的个数。

注意：
- 数组名的规定和常量名相同,遵守标识符命名规则。
- 数组名后面是用方括号括起来的常量表达式,不能有圆括号。
- 常量表达式表示元素个数,即数组的长度。
- 数组元素的下标是从 0 开始的。下标最大值为常量表达式值减 1。
- 常量表达式中可以包括常量和符号常量,不能包含变量。
- 数组必须先定义,后使用。

2) 一维数组的引用

一维数组元素的表示形式为：

数组名[下标]

3) 一维数组的初始化

(1) 给数组 a 各元素赋以初值。例如：

int a[10]={0,1,2,3,4,5,6,7,8,9};

(2) 可以只给一部分元素赋初值,后几个元素值为 0。

(3) 如果想使一个数组中全部元素值为 0,可以写成：

int a[10]={0,0,0,0,0,0,0,0,0,0}

或

int a[10];

(4) 在全部数组元素赋初值时,可以不指定数组长度。例如：

int a[5]={1,2,3,4,5};

或

int a[ ]={1,2,3,4,5};

2．二维数组的定义、引用和初始化

1) 二维数组的定义

格式：

类型说明符　数组名[常量表达式 1][常量表达式 2];

功能：定义一个二维数组。表达式 1 是数组元素的行数,表达式 2 是数组元素的列数。在 C 语言中,二维数组元素排列的顺序为按行存放,即在内存中先顺序存放第一行元素,再存放第二行元素。

2) 二维数组的引用

二维数组元素的表示形式为：

数组名[下标][下标];

注意：
- 在引用二维数组时，必须是逐个元素引用，不能引用整个数组。
- 下标可以是整型常量、整型表达式。
- 数组元素可以出现在表达式中，也可以被赋值。
- 在使用数组元素时，应该注意下标值应在已定义的数组的范围内。

3）二维数组的初始化

(1) 分行给二维数组赋初值。例如：

`int a[3][4]={{1,2,3,4},{5,6,7,8},{9,10,11,12}};`

(2) 将所有的数据写在一个花括号内，按排列顺序对各元素赋初值。例如：

`int a[3][4]={1,2,3,4,5,6,7,8,9,10,11,12};`

(3) 可以对部分元素赋初值（没有赋值的元素的值都是0）。例如：

`int a[3][4]={{1,2},{0},{0,3,5,6}};`

(4) 如果对全部元素都赋初值，则定义数组时对第一维的长度可以不指定，但第二维的长度不能省略。例如：

`a[3][4]={1,2,3,4,5,6,7,8,9,10,11,12};`

等价于

`a[ ][4]={1,2,3,4,5,6,7,8,9,10,11,12};`

3. 字符数组与字符串

1）字符数组

一维数组的定义形式：

`char 数组名[常量表达式];`

二维数组的定义形式：

`char 数组名[常量表达式1][常量表达式2];`

用来存放字符数据的数组是字符数组。字符数组中的一个元素存放一个字符。

2）字符数组的初始化

对字符数组进行初始化，可以采用以下两种方法。

(1) 赋值给数组中的各个元素。例如：

`char c[5]={'w',' ','e','y','d'};`

注意：
- 如果花括号中提供的数值个数（即字符个数）大于数组长度，则进行语法错误处理。
- 如果初值个数小于数组长度，则只将这些字符赋给数组中的前面那些元素，其余元素自动定为空字符(\0)。
- 如果提供的初值个数与预定的数组长度相同，在定义时可以省略数组长度，系统会自动根据初值个数确定数组长度。

（2）用字符串常量使字符数组初始化。

char c[6]="china";

3) 字符数组的引用

字符数组的引用同前面其他类型的数组元素引用是一样的。

4) 字符串和字符串结束标志

字符串常量是用双引号括起来的一串字符，C 语言约定用\0 作为字串结束标志，它占内存空间，但不计入串的长度。\0 代码值为 0。

5) 用字符串常量给数组赋初值（初始化）

例如：

char c[6]="china";

注意：

- 如果提供的字符个数大于数组长度，系统报错。
- 如果提供的字符个数小于数组长度，则在最后一个字符后加\0 作为字符串结束标志。
- 通过赋初值隐含确定数组长度。例如：char str[]="china";/＊串的长度为 6；系统自动在末尾加\0＊/。

6) 字符数组的输入输出

（1）逐个字符输入或输出：使用标准输入\输出函数 scanf()和 printf()；或使用 getchar()和 putchar()函数。

（2）将整个字符串一次输入或输出，例如：

char c[]={ "china"}; printf("%s",c);

注意：输出字符不包括结束符\0。用％s 格式输出字符串时，printf()函数中的输出项是数组名，而不是数组元素名。如果数组长度大于字符串实际长度，也只输出到遇到\0 结束。如果一个字符数组中包含一个以上\0，则遇到第一个\0 时输出就结束。

7) 字符串处理函数

puts(字符串)：将一个字符串输出到终端，包含转义字符。

gets(字符数组)：从终端输入一个字符串到字符数组，该函数返回值是字符数组的起始地址。

strcat(字符串1,字符串2)：连接两个字符串中的字符，把字符串2接到字符串1的后面，结果放在字符串1中，函数调用后得到一个函数值——字符串1的地址。

注意：字符串1必须足够大，以便能容纳连接后的新字符串。连接的两个字符串后面都有一个\0，连接时将字符串1后面的\0取消，只在新串的最后保留一个\0。

strcpy(字符数组,字符串)：将字符串复制到字符数组中。

注意：字符数组必须足够大，以便能容纳被复制的字符串。复制时连同字符串后面的\0一起复制到字符数组中。不能用赋值语句将一个字符串常量或字符数组直接赋给一个字符数组。

strcmp(字符串1,字符串2)：按 ASCII 码值大小比较,将两个字符串自左至右逐个字符相比,直到出现不同的字符或到\0 为止。如果全部字符相同,则认为相等；如果出现不相同的字符,则以第一个不相同的字符的比较结果为准。比较的结果由函数值带回。

注意：字符串1＝字符串2,函数值为 0；字符串1＞字符串2,函数值＞0；字符串1＜字符串2,函数值＜0。

对两个字符比较,而只能用如下代码：

if(strcmp(str1,str2)==0)printf("yes");

strlen(字符数组)：测试字符串长度,函数值为字符串中实际长度,不包括\0 在内。例如：

char str[10]={"china"};
printf("%d",strlen(str));

结果为 5。

strlwr(字符串)：将字符串中大写字母转换成小写字母。

strupr(字符串)：将字符串中小写字母转换成大写字母。

2.3.9 函数

1. 函数概述

C 语言函数分为两种：标准函数和用户定义的函数。

一个完整的 C 程序是由一个主函数和若干子函数构成的。由主函数调用其他函数,其他函数间也可以相互调用。同一个函数可以被一个或多个函数调用任意多次。

注意：一个源程序文件可以由一个或多个函数组成。一个 C 程序可以由一个或多个源程序文件组成。C 程序从主函数 main 开始执行。所有函数都是平行的。

从用户使用的角度看,函数分为两种：标准函数和用户自己定义的函数。

从函数的形式看,函数分为两类：无参函数和有参函数。

2. 函数定义

1) 无参函数的定义

类型标识符　函数名()
　　　　{　说明部分
　　　　　　语句　}

注意：用类型标识符指定函数值的类型,即是函数带回来的值的类型。C 语言默认的类型为整型。

2) 有参函数的定义

类型标识符　函数名(形式参数列表)
　　　　　形式参数说明
　　　　{　说明部分
　　　　　　语句　}

注意：函数类型标识符指出了 return 语句返回的值的类型,可以省略。

函数名是一个标识符;形式参数列表是写在圆括号中的一组变量名,一般称为形参。形参之间用逗号分隔;形式参数说明是指对形参所做的类型说明;函数体是由说明部分和语句组成的。

3) 形式参数和实际参数

定义函数时,函数名后面括号中变量名称为"形式参数",简称"形参"。

调用函数时,函数名后面括号中表达式称为"实际参数",简称"实参"。

4) 函数的返回值

函数的返回值是由 return 语句传递的。

格式：

return(表达式);

或

return 表达式;

功能：用 return 语句从函数中退出,返回到调用它的程序中。

说明：一个函数中可以有多条 return 语句,当执行到某条 return 语句时,程序的控制流程返回调用该函数的地方,并将 return 语句中表达式的值作为函数值带回。

若函数体内没有 return 语句,就执行到函数体的末尾,然后返回调用函数。这时带回一个不确定的函数值。若确实不要求带回函数值,则应将函数定义为 void 类型。return 语句中表达式的类型应与函数值的类型一致。

5) 函数的调用

(1) 函数调用的一般形式

格式：

函数名(实参列表);

函数调用语句的执行过程：首先计算每个实参表达式的值,并把此值存入到相应的形参单元中,然后把执行流程转入函数体中,执行函数体中的语句,函数体执行完之后,将返回到调用此函数程序中的下一条语句,继续执行。

注意：如果是无参函数,则没有实参列表,但括号不能省略。多个实参间用逗号隔开。实参和形参的个数要相等,类型要一致。当不一致时应满足赋值规则。对实参表求值的顺序并不是确定的。

(2) 函数调用的方式

按函数在程序中出现的位置,可分为以下 3 种调用方式：函数语句、函数表达式、函数参数。

(3) 对被调用函数的说明

在一个函数中调用另一个被调函数,需要具备的条件：首先被调用的函数必须是已经存在的函数。如果使用库函数,一般还应在本文件开头用 #include 命令将调用有关库函数时所需要的信息包含到本文件中来;如果使用用户自己定义的函数,而且该函数与调用它的函数在同一个文件中,一般还应该在主调函数中对被调用函数的返回值的类型做说明。这种类型说明的一般形式为：

类型标识符　被调用函数的函数名();

注意：对被调用函数的说明，在以下几种情况下可以省略：如果函数的值是整型或字符型，可以不进行说明；如果被调用函数在主调函数之前定义，可以不进行说明；如果在所有函数定义之前，对函数类型进行了说明，则在各个主调函数中不再进行说明。

6）函数的嵌套调用

C语言中允许被调用的函数再调用其他函数，此称为嵌套调用。但C语言中不允许嵌套定义函数。

7）函数的递归调用

在调用一个函数的过程中又出现直接或间接地调用该函数本身，称为函数的递归调用。

8）数组作为函数参数

（1）数组元素做函数参数

数组元素做函数参数类似于简单变量作为函数参数，数据传递是"单向值传递"，即只能从实参传递给形参，而不能由形参传递给实参。所以形参的变化并不影响实参。

（2）数组名做函数参数

数组名作实参时，是把实参数组的起始地址传递给形参数组，而不是把数组的值传给形参，这样实参数组和形参数组就共占同一内存单元。若形参数组元素的值发生变化，实参数组元素的值同时发生变化。

注意：对于数组名作为函数参数有以下几点要求：数组名作为函数参数，应该在主调函数和被调函数中分别定义数组；实参数组和形参数组的类型应一致，否则，结果会出错；实参数组和形参数组的长度可以一致也可以不一致。形参数组的长度可以小于或等于实参数组的长度，但不可以大于实参数组的长度；形参数组在定义时可以不指定长度，在数组名后面跟一对空的方括号，数组长度可由函数的另一个参数来传递。

3. 变量及其存储类别

C语言中变量的定义有3个基本位置：函数内部、函数参数中及所有函数外部，这些变量分别称为局部变量、形式参数变量、全局变量。

1）局部变量

局部变量又称内部变量，是在函数内部定义的变量。其作用域是从定义的位置起，到函数结束止。形参也是局部变量。

2）全局变量

全局变量又称外部变量，是在函数外部定义的变量。其有效范围是从变量定义的位置开始，到本源文件结束为止。

注意：
- 使用全局变量将增加函数间数据联系的渠道。
- 使用全局变量将增加程序的内存开销。
- 定义全局变量时，最理想的定义位置是在源文件的开头处。
- 如果在同一个源文件中，外部变量与局部变量同名，在局部变量的作用范围内，外部变量不起作用。

3）存储类别

在 C 语言中，每个变量和函数都具有两个属性：数据类型和数据的存储类别。数据类型如整型、浮点型等。存储类别是指数据在内存中存储的方法。

存储方法分为两类：静态存储和动态存储。具体包括自动（auto）、静态（static）、寄存器（register）和外部（extern）。

注意：用 auto 定义变量时，这个关键字可以缺省。即定义变量或函数，当数据的存储类别缺省时，其存储类别为 auto。静态存储的变量是在编译时分配存储单元并赋初值，在程序整个运行期间都不释放。动态存储的变量是在调用函数时临时分配存储单元，函数调用结束即释放。

下面对变量的存储类别作一小结，如表 2.4 所示。

表 2.4 存储类别

局部变量	自动变量，即动态局部变量，动态存储，函数内有效，离开函数值就消失
	静态局部变量，静态存储，函数内有效，离开函数值仍保留
	寄存器变量，动态存储，函数内有效，离开函数值就消失 （形式参数可以定义为自动变量或寄存器变量）
全局变量	静态外部变量，静态存储，本文件内有效，变量值有效到文件执行结束
	外部变量，即非静态的外部变量，允许其他文件引用

2.3.10 指针

指针是 C 语言中广泛使用的一种数据类型。运用指针编程是 C 语言最主要的风格之一。

1. 引入指针的具体意义

在计算机中，所有的数据都是存放在存储器中的。一般把存储器中的一字节称为一个内存单元，不同的数据类型所占用的内存单元数不等，为了正确地访问这些内存单元，必须为每个内存单元编上号。内存单元的编号也叫作地址。既然根据内存单元的编号或地址就可以找到所需的内存单元，所以通常也把这个地址称为指针。

注意：对于一个内存单元来说，单元的地址即为指针，其中存放的数据才是该单元的内容。

由于数组或函数都是连续存放的。这样通过访问指针变量就取得了数组或函数的首地址，也就找到了该数组或函数。

在 C 语言中，一种数据类型或数据结构往往都占有一组连续的内存单元。用"地址"这个概念并不能很好地描述一种数据类型或数据结构，而"指针"虽然实际上也是一个地址，但它却是一个数据结构的首地址，它是"指向"一个数据结构的，因而概念更为清楚，表示更为明确。这也是引入"指针"概念的一个重要原因。

2. 指针变量的定义

一般形式为：

类型说明符 *变量名；

其中，*表示这是一个指针变量，变量名即为定义的指针变量名，类型说明符表示本指针变量所指向的变量的数据类型。

注意：一个指针变量只能指向同类型的变量。

3. 指针变量的运算符

在 C 语言中，变量的地址是由编译系统分配的，对用户完全透明，用户不知道变量的具体地址。因此 C 语言中提供了地址运算符 & 来表示变量的地址。

另外还定义了取内容运算符 *。运算符 * 用来表示指针变量所指的变量。

4. 指针变量的运算

1) 赋值运算

指针变量的赋值运算有以下几种形式。

(1) 指针变量初始化赋值。

(2) 把一个变量的地址赋予指向相同数据类型的指针变量。

(3) 把一个指针变量的值赋予指向相同类型变量的另一个指针变量。

(4) 把数组的首地址赋予指向数组的指针变量。

(5) 把字符串的首地址赋予指向字符类型的指针变量。

(6) 把函数的入口地址赋予指向函数的指针变量。

2) 加减算术运算

对于指向数组的指针变量，可以加上或减去一个整数 n。指针变量加或减一个整数 n 的意义是把指向当前位置(指向某数组元素)的指针向前或向后移动 n 个位置。应该注意，数组指针变量向前或向后移动一个位置和地址加 1 或减 1 在概念上是不同的。因为数组可以有不同的类型，各种类型的数组元素所占的字节长度是不同的。

两个指针变量之间的运算只有指向同一数组的两个指针变量之间才能进行运算，否则运算毫无意义。

(1) 两指针变量相减

两指针变量相减所得之差是两个指针所指数组元素之间相差的元素个数。

(2) 两指针变量进行关系运算

指向同一数组的两指针变量进行关系运算可表示它们所指数组元素之间的关系。例如：

pf1==pf2 表示 pf1 和 pf2 指向同一数组元素。

pf1>pf2 表示 pf1 处于高地址位置。

pf1<pf2 表示 pf2 处于低地址位置。

5. 数组指针变量的说明和使用

指向数组的指针变量称为数组指针变量。

一个数组是由连续的一块内存单元组成的。数组名就是这块连续内存单元的首地址。一个数组也是由各个数组元素（下标变量）组成的。每个数组元素按其类型不同占有几个连续的内存单元。一个数组元素的首地址也是指它所占有的几个内存单元的首地址，一个指针变量既可以指向一个数组，也可以指向一个数组元素，可把数组名或第一个元素的地址赋予它。

数组指针变量说明的一般形式为：

类型说明符 ＊ 指针变量名

其中，类型说明符表示所指数组的类型。

引入指针变量后(int a[10],＊pa＝a;)就可以用两种方法来访问数组元素了。

第一种方法为下标法，即用 a[i]形式访问数组元素。

第二种方法为指针法，即采用＊(pa＋i)形式，用间接访问的方法来访问数组元素。

6. 数组名和数组指针变量作函数参数

数组名就是数组的首地址，实参向形参传送数组名实际上就是传送数组的首地址，形参得到该地址后也指向同一数组。同样，指针变量的值也是地址，数组指针变量的值即为数组的首地址，当然也可作为函数的参数使用。

7. 多维数组的指针变量

把二维数组 a 分解为一维数组 a[0],a[1],a[2]之后，设 p 为指向二维数组的指针变量。可定义为 int (＊p)[4]，它表示 p 是一个指针变量，它指向二维数组 a 或指向第一个一维数组 a[0]，其值等于 a,a[0],或 &a[0][0]等。而 p＋i 则指向一维数组 a[i]。由此可以得出＊(p＋i)＋j 是二维数组 i 行 j 列的元素的地址，而＊(＊(p＋i)＋j)则是 i 行 j 列元素的值。

二维数组指针变量说明的一般形式为：

类型说明符 (＊指针变量名)[长度]

其中，"类型说明符"为所指数组的数据类型。"＊"表示其后的变量是指针类型。"长度"表示二维数组分解为多个一维数组时，一维数组的长度，也就是二维数组的列数。应注意"(＊指针变量名)"两边的括号不可少，如缺少括号则表示是指针数组，意义就完全不同了。

8. 使用字符串指针变量与字符数组的区别

用字符数组和字符指针变量都可实现字符串的存储和运算。但是两者是有区别的。在使用时应注意以下几个问题。

(1) 字符串指针变量本身是一个变量，用于存放字符串的首地址。而字符串本身是存放在以该首地址为首的一块连续的内存空间中并以\0 作为串的结束。字符数组是由若干数组元素组成的，它可用来存放整个字符串。

(2) 对字符数组作初始化赋值，必须采用外部类型或静态类型，如：

```
static char st[]={"C Language"};
```

而对字符串指针变量则无此限制,如:

```
char *ps="C Language";
```

(3) 对字符串指针方式

```
char *ps="C Language";
```

可以写为:

```
char *ps;ps="C Language";
```

而对数组方式:

```
static char st[]={"C Language"};
```

不能写为:

```
char st[20];st={"C Language"};
```

而只能对字符数组的各元素逐个赋值。

9. 函数与指针

在 C 语言中规定,一个函数总是占用一段连续的内存区,而函数名就是该函数所占内存区的首地址。我们可以把函数的这个首地址(或称入口地址)赋予一个指针变量,使该指针变量指向该函数。然后通过指针变量就可以找到并调用这个函数。我们把这种指向函数的指针变量称为"函数指针变量"。

函数指针变量定义的一般形式为:

```
类型说明符 (*指针变量名)();
```

其中,"类型说明符"表示被指函数的返回值的类型。"(*指针变量名)"表示"*"后面的变量是定义的指针变量。最后的空括号表示指针变量所指的是一个函数。

函数指针变量形式调用函数的步骤如下。

(1) 先定义函数指针变量。
(2) 把被调函数的入口地址(函数名)赋予该函数指针变量。
(3) 用函数指针变量形式调用函数。

注意:

- 函数指针变量不能进行算术运算,这是与数组指针变量不同的。
- 函数调用中"(*指针变量名)"的两边的括号不可少,其中的 * 不应该理解为求值运算,在此处它只是一种表示符号。
- 函数的返回值是一个指针。

在 C 语言中允许一个函数的返回值是一个指针(即地址),这种返回指针值的函数称为指针型函数。

定义指针型函数的一般形式为:

```
类型说明符 *函数名(形参表)
{
    …… /*函数体*/
}
```

其中,函数名之前加了"*"号表明这是一个指针型函数,即返回值是一个指针。类型说明符表示返回的指针值所指向的数据类型。

应该特别注意的是函数指针变量和指针型函数这两者在写法和意义上的区别。如 int (*p)()和 int *p()是两个完全不同的量。int(*p)()是一个变量说明,说明 p 是一个指向函数入口的指针变量,该函数的返回值是整型量,(*p)的两边的括号不能少。int *p()则不是变量说明而是函数说明,说明 p 是一个指针型函数,其返回值是一个指向整型量的指针,*p 两边没有括号。

10. 指针数组

指针数组是一组有序的指针的集合。指针数组的所有元素都必须是具有相同存储类型和指向相同数据类型的指针型函数指针变量。

指针数组说明的一般形式为:

类型说明符 *数组名[数组长度]

其中,类型说明符为指针值所指向的变量的类型。例如 int *pa[3]表示 pa 是一个指针数组,它有三个数组元素,每个元素值都是一个指针,指向整型变量。通常可用一个指针数组来指向一个二维数组。

指针数组中的每个元素被赋予二维数组每一行的首地址,因此也可理解为指向一个一维数组。

指针数组也常用来表示一组字符串,这时指针数组的每个元素被赋予一个字符串的首地址。指向字符串的指针数组的初始化更为简单。

指针数组也可以用作函数参数。

11. main 函数的参数

一般的 main 函数都是不带参数的。因此 main 后的括号都是空括号。实际上 main 函数可以带参数,这个参数可以认为是 main 函数的形式参数。

C 语言规定 main 函数的参数只能有两个,习惯上这两个参数写为 argc 和 argv。因此,main 函数的函数头可写为:main (argc,argv)。C 语言还规定 argc(第一个形参)必须是整型变量,argv(第二个形参)必须是指向字符串的指针数组。

由于 main 函数不能被其他函数调用,因此不可能在程序内部取得实际值。实际上,main 函数的参数值是从操作系统命令行上获得的。当我们要运行一个可执行文件时,在 DOS 提示符下输入文件名,再输入实际参数即可把这些实参传送到 main 的形参中去。

12. 指向指针的指针变量

通过指针访问变量称为间接访问,简称间访。而通过指向指针的指针变量来访问变量则构成了二级或多级间访。在 C 语言程序中，对间访的级数并未明确限制，但是间访级数太多时不容易理解，也容易出错，因此，一般很少超过二级间访。

指向指针的指针变量说明的一般形式为：

类型说明符 ** 指针变量名;

例如：

int ** pp;

表示 pp 是一个指针变量，它指向另一个指针变量，而这个指针变量指向一个整型量。

2.3.11 结构体与共用体

1. 结构体

结构体的定义的一般形式为：

```
struct 结构体名
{   数据类型    成员名1;
    数据类型    成员名2;
    数据类型    成员名3;
    ……
    数据类型    成员名n;
};
```

结构体类型变量的定义方式共有 3 种：
- 先定义结构体类型，再定义结构体类型变量。
- 在定义结构体类型的同时定义结构体类型变量。
- 直接定义结构体类型变量。

2. 结构体数组

用结构体类型变量只能描述一个学生的信息，如果需要描述一个班甚至更多人的信息，就可以采用结构体数组来处理。

3. 结构体与指针

指针可以指向变量、数组、函数，也可以指向结构体类型变量或结构体数组。

（1）指向结构体类型变量的指针。一个结构体类型变量的指针就是该变量所占据的内存段的起始地址。

C 语言中引用结构体类型变量成员的方式有以下 3 种，它们是等价的：
- 结构体变量.成员名。
- (*p).成员名。
- p->成员名。

（2）指向结构体数组的指针。用指针变量来指向结构体数组，用指针变量引用结构体数组的元素。

4. 结构体与函数

结构体变量的成员作函数。

结构体变量作实参。

结构体变量(或数组)的指针作实参。

5. 指针与链表

链表是一种常见的数据结构,可以动态地进行存储分配。

链表是由被称为结点的元素构成的,结点的多少根据需要而定。每个结点都由两部分组成:一是数据部分,即用户需要处理的数据;二是指针部分,存放下一个结点的地址。链表中的结点是通过指针链接在一起的,链接原则是:前一个结点指向下一个结点;只有通过前一个结点才能找到下一个结点。

一个链表首先要知道表头指针,一个结点一个结点的链接,直到最后一个结点,该结点不再指向下一个结点,它的地址部分放一个 NULL(表示空结点),它称为表尾(这里只讨论单向链表)。

(1) 建立与输出链表:链表的建立,就是从空链表开始,逐渐增加链表上的结点的过程。把结构体变量用作链表中的结点。一个结构体变量包括若干成员,它们可以是数值型、字符型、数组型,也可以是指针类型。用指针类型成员来存放下一个结点的地址非常方便。建立动态链表,就是一个一个地开辟结点和输入各结点数据,并建立前后相连的关系。

(2) 建立动态链表所需的函数:在建立动态链表时,链表上的每个结点不是静态定义好的,而是根据需要随时从内存中申请得到的,同时也根据需要随时释放不需要的结点。为此,C 语言系统提供了动态申请和释放内存的库函数。

malloc(n):其作用是在内存的动态存储区中分配一个长度为 n 字节的连续空间。此函数的返回值是一个指向已分配存储单元的起始地址的指针。

free(p):其作用是释放由 p 指向的内存区,使这部分内存区能被其他变量使用。

(1) 从链表中删除某一结点:从链表中删除一个指定结点,首先要查找这个结点,如果找到就将其删除,否则将不执行删除操作。实际上删除一个结点,并不是真正将它从内存中删掉,而是把它从链表中分离出来,撤销原来的链接关系。

(2) 在链表中插入一个结点:在链表中插入一个新结点,首先要找到指定结点,然后在它后面插入一个新结点,断开原来的链接,把新结点的地址赋给指定结点的指针,把指定结点的下一个结点的地址赋给新结点的指针。这样就插入了一个结点。

6. 共用体

共用体是一种特殊的结构,它的特点是各个成员共享同一段存储单元。如果在共用体中有若干不同类型的成员,在每一瞬间只有一个成员起作用,实际上是最后一个存放成员起作用。

共用体和共用体类型变量的定义与结构体的定义形式非常类似,如下:

```
union  结构体名
{    数据类型   成员名 1;
```

```
    数据类型    成员名 2;
    数据类型    成员名 3;
    ……
    数据类型    成员名 n;
};
```

结构体和共用体可以互相嵌套。可以用"."或"->"运算符来访问共用体中的成员。

注意共用体和结构体的不同。

存储方式不同。结构体的各个成员各自占用自己的存储单元,各有自己的地址,各个成员所占的存储单元的总和一般就是结构体的长度。而共用体是各个成员共享同一段存储单元,起始地址相同,占用存储单元最多的成员的长度就是共用体的长度。

初始化不同。结构体变量可以初始化,共用体变量不能初始化。

7. 枚举

如果一个变量的取值范围有限,可以定义为枚举类型。

枚举的一般形式为:

```
enum 枚举类型名{取值 1,取值 2,…,取值 n};
```

其中,{}中的值称为枚举元素或枚举常量,C 在编译时按定义的顺序使它们的值分别为 0、1、2 等,依次加 1,也可以在定义枚举类型的同时为其中的枚举常量赋值。

枚举类型定义之后,就可以定义相应的枚举常量。

8. 类型定义

在 C 语言中除了使用 C 提供的标准类型名(如 int、char 等),还可以用 typedef 声明新的类型名来代替已有的类型名。

定义的一般形式为:

```
typedef  类型名  新类型名
```

这样就可以用新类型名来定义变量。

2.3.12 位运算与文件

1. 位运算符

位逻辑运算符:~(按位取反)、&(按位与)、|(按位或)、^(按位异或)。

移位运算符:<<(按位左移)、>>(按位右移)。

自反赋值运算符:&=、|=、^=、<<=、>>=。

2. 位运算符的运算规则

位逻辑运算符的运算规则如表 2.5 所示。

移位运算符:<<(按位左移)、>>(按位右移)。移位时,移出的位数全部丢弃,移出的空位补入的数与左移还是右移有关。如果是左移,则规定补入的数全都是 0;如果是右移,还与被移位的数据是否带符号有关。若是不带符号的数据,则补入的数全都为0;若是带符号的数据,则补入的数据为原数的符号位上的数。

表 2.5 位逻辑运算符的运算规则

位运算符	示例			
按位取反	~0=0	~0=1		
按位与	0&0=0	0&1=0	1&0=0	1&1=1
按位异或	0^0=0	0^1=1	1^0=1	1^1=1
按位或	0|0=0	0|1=1	1|0=1	1|1=0

3. 位运算符的优先级

位运算符自身的优先级为(从高到低):~、<<、>>、&、^、|。

位运算符与其他运算符相比较优先级为(从高到低):~、算术运算符、<<、>>、关系运算符、&、^、|、逻辑运算符、赋值(自反赋值)运算符、逗号运算符。

4. 位段

位段的定义和引用:在一个结构体中以位为单位来指定其成员所占内存长度,这种以位为单位的成员称为位段或位域。对位段中的数据引用的方法与结构体成员一样。在C语言中,允许在位段中定义无名字段,其含义为跳过该字节剩余的位或指定的位不用。当无名字长度为0时,跳过该字节剩余的位不用;当无名字段长度为n时,跳过n位不用。

5. 文件

(1) 文件类型指针:在C语言程序中,无论是一般磁盘文件还是设备文件,都可以通过文件结构类型的数据集合进行输入输出操作。文件结构是由系统定义的,取名为FILE。有了FILE类型以后,可以用它来定义文件类型指针变量,以便存放文件的信息。

(2) 文件的打开与关闭:C语言和其他高级语言一样,对文件读写之前必须先打开文件,在使用文件之后应关闭该文件。文件的打开与关闭是通过调用fopen()和fclose()函数来实现的。在使用完一个文件后应该关闭它,以免它再被误用。"关闭"就是使文件指针变量不指向该文件。

(3) 文件的读与写:文件打开之后就可以对它进行读写操作了。

(4) 字符读写函数:fputc()、fgetc()、putc()和getc()是两组字符读写函数,它们均用于从文件中读出一个字符,或把一个字符写入文件。它们与函数 putchar()和 getchar()的不同在于,前者是针对文件操作,而后者是针对标准输入输出设备操作的。

(5) 字符串读写函数:fgets()和fputs()用于从指定的文件中读出一个字符串或把一个字符串写入指定的文件中。

(6) 格式读写函数:fscanf()和fprintf(),它们可以实现对文件的格式读写。它们与scanf()和printf()的区别在于,这两个函数是对磁盘文件进行读写,而不是对标准输入输出设备进行读写。

（7）数据块读写函数：fread()和fwrite()用来对文件进行数据块的读写,调用一次函数可读或写一组数据。

（8）文件定位函数：ftell()可返回文件指针的当前值；fseek()用于使文件指针在文件中移动；rewind()使文件的位置指针指向文件开始。

（9）文件的检测：feof()专门用作二进制文件的结束标志,也可作为文本文件的结束标志。如果文件指针已到文件末尾,则函数返回非0值；否则,返回0。ferror()用来检测文件读写时是否发生错误,若未发生读写错误,则返回0值；否则,返回非0值。clearer()用于将文件的出错标志和文件结束标志置0。当调用读写函数出错时,ferror()给出非0的标志,并一直保持直到使用clearer()或rewind()时才重新置0。

第 3 章 C语言课程设计相关知识

在本章,我们就课程设计中涉及的一些知识点作一个概述。这些知识点主要包括图形基础与图形函数、文件操作知识、动画技术、中断知识和发声技术等,是在 Turbo C 下的操作方式,不适用于 VC++。

3.1 图形知识

C 语言中提供了丰富的图形处理函数,本节将对本书中涉及的图形知识点作一个简要回顾,主要包括图形模式的初始化、屏幕设置函数、颜色相关函数、画图函数、填充函数、文本输出函数,以及与这些函数相关的各项参数等。

3.1.1 图形模式的初始化

1. void far initgraph(int far * gdriver,int far * gmode,char * path)

功能:显示模式控制。gdriver 和 gmode 分别表示图形驱动器和模式,path 是指图形驱动程序所在的目录路径。有关图形驱动器、图形模式及分辨率的值如表 3.1 所示。

表 3.1 图形驱动器、图形模式及分辨率参照表

图形驱动器(gdriver)		图形模式(gmode)		色 调	分 辨 率
符号常数	数 值	符号常数	数 值		
CGA	1	CGAC0	0	C0	320×200
		CGAC1	1	C1	320×200
		CGAC2	2	C2	320×200
		CGAC3	3	C3	320×200
		CGAHI	4	2色	640×200
MCGA	2	MCGAC0	0	C0	320×200
		MCGAC1	1	C1	320×200
		MCGAC2	2	C2	320×200
		MCGAC3	3	C3	320×200

续表

图形驱动器（gdriver）		图形模式（gmode）		色　调	分　辨　率
符号常数	数　值	符号常数	数　值		
MCGA	2	MCGAMED	4	2 色	640×200
		MCGAHI	5	2 色	640×480
EGA	3	EGALO	0	16 色	640×200
		EGAHI	1	16 色	640×350
EGA64	4	EGA64LO	0	16 色	640×200
		EGA64HI	1	4 色	640×350
EGAMON	5	EGAMONHI	0	2 色	640×350
IBM8514	6	IBM8514LO	0	256 色	640×480
		IBM8514HI	1	256 色	1024×768
HERC	7	HERCMONOHI	0	2 色	720×348
PC3270	10	PC3270HI	0	2 色	720×350
DETECT	0	用于硬件测试			
ATT400	8	ATT400C0	0	C0	320×200
		ATT400C1	1	C1	320×200
		ATT400C2	2	C2	320×200
		ATT400C3	3	C3	320×200
		ATT400MED	4	2 色	320×200
		ATT400HI	5	2 色	320×200
VGA	9	VGAL0	0	16 色	640×200
		VGAMED	1	16 色	640×350
		VGAHI	2	16 色	640×480

2. void far detectgraph(int * gdriver，* gmode)

功能：自动检测显示器硬件。gdriver 和 gmode 与 initgraph()函数中的意义一样，仍然分别表示图形驱动器和模式。

3.1.2　屏幕颜色相关函数

1. void far setbkcolor(int color)

功能：设置背景色。其中，color 表示作图的颜色，可以用颜色的符号常量表示，也可以用代表该颜色的数值来表示，颜色符号常量和对应数值的关系如表 3.2 所示。

表 3.2 颜色符号常量与其数值对应表

符号常量	数值	含义	符号常量	数值	含义
BLACK	0	黑色	DARKGRAY	8	深灰色
BLUE	1	蓝色	LIGHTBLUE	9	淡蓝色
GREEN	2	绿色	LIGHTGREEN	10	淡绿色
CYAN	3	青色	LIGHTCYAN	11	淡青色
RED	4	红色	LIGHTRED	12	淡红色
MAGENTA	5	洋红色	LIGHTMAGENTA	13	淡洋红色
BROWN	6	棕色	YELLOW	14	黄色
LIGHTGRAY	7	淡灰色	WHITE	15	白色

2. void far setcolor(int color)

功能：设置前景色，color 的取值参见表 3.2。

3. int far getbkcolor(void)

功能：返回当前背景色。

4. int far getcolor(void)

功能：返回当前背景色。

5. int far getmaxcolor(void)

功能：返回当前可用的最大颜色值。

3.1.3 图形窗口和图形屏幕函数

1. 图形窗口操作

1) void far setviewport(int x0,int y0,int x1,int y1,int clipflag)

设定一个以(x0,y0)为左上角、以(x1,y1)为右下角的图形窗口，其中，x0、y0、x1、y1 是相对于整个屏幕的坐标。如果 clipflag 为 1，则超出窗口的输出图形自动被裁剪掉，即所有作图限制于当前图形窗口之内；如果 clipflag 为 0，则不进行裁剪，即作图将无限制地扩展于窗口边界之外，直到屏幕边界。

2) void far clearviewport(void)

清除当前图形窗口，并把光标从当前位置移到原点(0,0)。

3) void far getviewsettings(struct viewporttype far * viewport)

获得关于现行窗口的信息，并将其存于 viewporttype 定义的结构变量 viewport 中。其中，viewporttype 的结构说明如下：

```
struct viewporttype
```

```
{
    int left,top,right,bottom;
    int clipflag;
};
```

2. 图形屏幕操作

1) void far setactivepage(int pagenum)

为图形输出选择激活页,即后续图形的输出被写到函数选定的 pagenum 页面,该页面并不一定可见。

2) void far setvisualpage(int pagenum)

使 pagenum 所指定的页面变成可见页,页面从 0 开始。如果先用 setactivepage()函数在不同页面上画出一幅幅图像,再用 setvisualpage()函数交替显示,就可以实现一些动画的效果。

3) unsined far imagesize(int x0,int y0,int x1,int y1)

该函数一般在保存指定范围内的像素时使用,它计算要保存从左上角为(x0,y0)到右下角为(x1,y1)的图形屏幕区域所需的字节数。

4) void far getimage(int x0,int y0,int x1,int y1,void far * buf)

将从左上角为(x0,y0)到右下角为(x1,y1)的图形屏幕区域的图像保存到 buf 所指向的内存空间,该内存空间的大小由 imagesize()函数计算。

5) void far putimage(int x,int y,void * mapbuf,int op)

将保存的图像输出到左上角点(x,y)的位置上,op 规定了如何释放内存中的图像,图像输出方式如表 3.3 所示。

表 3.3 图像输出方式

符号常数	数值	含 义	符号常数	数值	含 义
COPY_PUT	0	复制	AND_PUT	3	与屏幕图像与后复制
XOR_PUT	1	与屏幕图像异或的复制	NOT_PUT	4	复制反像的图形
OR_PUT	2	与屏幕图像或后复制			

6) void far cleardevice(void)

清除屏幕内容。

3.1.4 画图函数

1. 画点

1) 画点函数

(1) void far putpixel(int x,int y,int color)

在坐标(x,y)处以 color 所代表的颜色画一点。

(2) int far getpixel(int x,int y)

获得点(x,y)处的颜色值。

2) 有关坐标位置的函数

(1) int far getmaxx(void)

返回 x 轴的最大值。

(2) int far getmaxy(void)

返回 y 轴的最大值。

(3) int far getx(void)

返回光标所在位置的横坐标。

(4) void far gety(void)

返回光标所在位置的纵坐标。

(5) void far moveto(int x,int y)

移动光标到(x,y)点。

(6) void far moverel(int dx,int dy)

把光标从当前位置(x,y)移动到位置(x+dx,y+dy)。

2. 画线

1) 画线函数

(1) void far line(int x0,int y0,int x1,int y1)

从点(x0,y0)到点(x1,y1)画直线。

(2) void far lineto(int x,int y)

画一条从当前位置到(x,y)的直线。

(3) void far linerel(int dx,int dy)

画一条从当前位置(x,y)到位置(x+dx,y+dy)之间的直线。

(4) void far circle(int x,inty,int radius)

以(x,y)为圆心、radius 为半径画一个圆。

(5) void far arc(int x,int y,int stangle,int endangle,int radius)

以(x,y)为圆心、radius 为半径,画一段从 stangle(角度)到 endangle(角度)的圆弧线。

(6) void ellipse(int x,int y,int stangle,int endangle,int xradius,int yradius)

以(x,y)为中心,以 xradius、yradius 分别为 x 轴和 y 轴半径,画一段从角 stangle 到 endangle 的椭圆线。当 stangle=0、endangle=360 时,画出一个完整的椭圆。

(7) void far rectangle(int x1,int y1,int x2,inty2)

以(x1,y1)为左上角、(x2,y2)为右下角画一个矩形框。

(8) void far drawpoly(int numpoints,int far * polypoints)

画一个顶点数为 numpoints、各顶点坐标由 polypoints 给出的多边形。

2) 设定线型函数

(1) void far setlinestyle(int linestyle,unsigned upattern,int thickness)

该函数用来设置线的有关信息,其中 linestyle 表示线的形状(线形状的取值及含义见表 3.4),thickness 表示线的宽度(线宽度的取值及含义见表 3.5),对于 upattern,只有 linestyle 选 USERBIT_LINE 时才有意义(选其他线型,upattern 取 0 即可)。此处 upattern 的 16 位二进制数的每一位代表一个像元,如果为 1,则该像元打开,否则该像元关闭。

表 3.4　线形状的取值及含义

符 号 常 数	数 值	含 义	符 号 常 数	数 值	含 义
SOLID_LINE	0	实线	DASHED_LINE	3	点画线
DOTTED_LINE	1	点线	USERBIT_LINE	4	用户定义线
CENTER_LINE	2	中心线			

表 3.5　线宽的取值及含义

符 号 常 数	数 值	含 义
NORM_WIDTH	1	一点宽
THIC_WIDTH	3	三点宽

(2) void far setwritemode(int mode)

该函数规定画线的方式。mode 的取值为 1 或 0。当取 0 时,表示画线时将所画位置的原来信息覆盖了;当取 1 时,则表示画线时用现在特性的线与所画之处原有的线进行异或(XOR)操作,实际上画出的线是原有线与现在规定的线进行异或后的结果。因此,当线的特性不变,进行两次画线操作相当于没有画线。

3.1.5　封闭图形的填充

1. 先画轮廓再填充

1) void far bar(int x1,int y1,int x2,int y2)

先画一个以(y1,y1)为左上角、(x2,y2)为右下角的矩形窗口,再按规定模式和颜色填充。

2) void far bar3d(int x0,int y0,int x1,int y1,int depth,int topflag)

当 topflag 为非 0 时,画出一个三维的长方体;当 topflag 为 0 时,三维图形不封顶。

3) void far pieslice(int x,int y,int stangle,int endangle,int radius)

先画一个以(x,y)为圆心、radius 为半径、从角度 stangle 到角度 endangle 的扇形,再按规定方式填充。

4) void far sector(int x,int y,int stangle,intendangle,int xradius,int yradius)

先画一个以(x,y)为圆心,以 xradius、yradius 分别为 x 轴和 y 轴半径,从角度 stangle 到角度 endangle 的椭圆扇形,再按规定方式填充。

2. 任意封闭图形的填充

void far floodfill(int x,int y,int border):该函数可对任意封闭图形进行填充。其中(x,y)为封闭图形内的任意一点,border 为边界的颜色,border 指定的颜色值必须与图形轮廓的颜色值相同。

提示:(x,y)必须在所要填充的封闭图形内部,否则不能进行填充。如果不是封闭图形,则填充会从没有封闭的地方溢出去,填满其他地方。

3. 设定填充方式

1) void far setfillstyle(int pattern,int color)

以 pattern 为填充模式和以 color 为填充颜色对指定图形进行填充。填充模式 pattern 的取值和含义如表 3.6 所示。

表 3.6 填充模式 pattern 的取值和含义

符 号 常 数	数值	含 义	符 号 常 数	数值	含 义
EMPTY_FILL	0	以背景色填充	HATCH_FILL	7	直线网格填充
SOLID_FILL	1	实填充	XHATCH_FILL	8	斜网格填充
LINE_FILL	2	直线填充	INTTERLEAVE_FILL	9	间隔点填充
LTSLASH_FILL	3	斜线填充	WIDE_DOT_FILL	10	稀疏点填充
SLASH_FILL	4	粗斜线填充	CLOSE_DOS_FILL	11	密集点填充
BKSLASH_FILL	5	粗反斜线填充	USER_FILL	12	用户自定义填充
LTBKSKASH_FILL	6	反斜线填充			

2) void far setfillpattern(char * upattern,int color)

该函数用于设置用户定义的填充图形的颜色,以供对封闭图形进行填充。其中,upattern 是一个指向 8 字节的指针。这 8 字节定义了 8×8 点阵的图形。每字节的 8 位二进制数表示水平 8 点,8 字节表示 8 行,然后以此为模型向各封闭区域填充。

3) void far getfillpattern(char * upattern)

该函数将用户定义的填充图模存入 upattern 指针指向的内存区域。

4) void far getfillsetings(struct fillsettingstype far * fillinfo)

获得当前图形模式的颜色并将其存入结构指针变量 fillinfo 中。其中,fillsettingstype 结构定义如下:

```
struct fillsettingstype
{
    int pattern;
    int color;
};
```

其中,pattern 表示当前的填充模式,color 表示填充的颜色。

3.1.6 图形模式下的文本输出

1. 文本输出函数

1) void far outtext(char far * text)

该函数输出字符串指针 text 所指的文本所在的位置。

2) void far outtextxy(int x,int y,char far * text)

该函数在指定位置(x,y)输出字符串指针 text 所指的文本。

2.文本参数设置函数

1) void far setcolor(int color)

该函数用于设置输出文本的颜色,color 表示要设置的颜色。

2) void far settextjustify(int horiz,int vert)

该函数用于设置显示的方位。对使用 outtextxy() 函数所输出的字符串,其中,哪个点对应于坐标(x,y)在 Turbo C 2.0 中是有规定的。如果把一个字符串看成一个长方形的图形,在水平方向显示时,字符串长方形在垂直方向就有顶部、中部和底部三个位置,水平方向就有左、中、右三个位置,两者结合所确定的位置就对准函数中的(x,y)位置。

settextjustify() 函数中的参数 horiz 指出水平方向的位置(即左、中、右中的一个),参数 vert 指出垂直方向的位置(即顶部、中部、底部中的一个)。有关参数 horiz 和 vert 的取值及含义见表 3.7。

表 3.7 参数 horiz 和 vert 的取值及含义

符 号 常 数	数 值	含 义	符 号 常 数	数 值	含 义
LEFT_TEXT	0	水平	TOP_TEXT	2	垂直
RIGHT_TEXT	2	水平	CENTER_TEXT	1	水平或垂直
BOTTOM_TEXT	0	垂直			

3) void far settextstyle(int font,int direction,int charsize)

该函数用于设置输出字符的字体 font(见表 3.8)、方向 direction 和字体大小 charsize(见表 3.9)。其中方向 direction 的取值有 HORIZ_DIR(用数值 0 表示)和 VERT_DIR(用数值 1 表示)两个,分别表示从左向右和从底向顶输出字符。

表 3.8 字体 font 的取值及含义

符 号 常 数	数 值	含 义
DEFAULT_FONT	0	默认字体,8×8 点阵字体
TRIPLEX_FONT	1	三倍笔画字体
SMALL_FONT	2	小号笔画字体
SANSSERIF_FONT	3	无衬线笔画字体
GOTHIC_FONT	4	黑体笔画字体

表 3.9 字体大小 charsize 的取值及含义

符号常数或数值	含 义
1	8×8 点阵
2	16×16 点阵
3	24×24 点阵
4	32×32 点阵

续表

符号常数或数值	含 义
5	40×40 点阵
6	48×48 点阵
7	56×56 点阵
8	64×64 点阵
9	72×72 点阵
10	80×80 点阵
USER_CHAR_SIZE=0	用户定义的字符大小

3.2 文件操作知识

本节我们将对文件操作的基本知识作一个简要回顾，包括文件的打开与关闭、文件的读写、文件的状态判断及文件的定位。

3.2.1 文件的打开与关闭

1. 文件的打开

C 语言中打开文件的函数是 fopen()，其一般调用形式如下：

```
FILE * fp
fp=fopen(filename, method)
```

其中，fp 是一个指向 FILE 类型结构体的指针变量，filename 表示要打开的文件的名字，method 表示文件的使用方式，表 3.10 列出了文件的使用方式及其含义。

表 3.10 文件的使用方式及其含义

文件的使用方式	含 义	文件的使用方式	含 义
r,只读	为输入打开一个文本文件	r+,读写	为读/写打开一个文本文件
w,只写	为输出打开一个文本文件	w+,读写	为读/写建立一个新的文本文件
a,追加	向文本文件尾增加数据	a+,读写	为读/写打开一个文本文件
rb,只读	为输入打开一个二进制文件	rb+,读写	为读/写打开一个二进制文件
wb,只写	为输出打开一个二进制文件	wb+,读写	为读/写建立一个新的二进制文件
ab,追加	向二进制文件尾增加数据	ab+,读写	为读/写打开一个二进制文件

提示：如果不能打开一个文件，即打开文件失败，则 fopen() 函数将返回一个空指针 NULL。通常可以通过判断 fopen() 返回的值来决定是否打开成功。

2. 文件的关闭

在使用完一个文件后应该关闭它,以防止它被误用。关闭文件的函数是 fclose(),其一般调用形式如下:

```
fclose(fp)
```

fp 即为文件指针,是我们前面打开文件时创建的 fp。fclose()函数也有返回值,如果顺利关闭的话则返回 0;否则返回-1,可以用 ferror()函数(见 3.2.3 节)来测试。

3.2.2 文件的读写

对文件的读写,可以有多种方式,可以读写一个字符、一个字符串、一块数据或者一个整数,有时候也需要进行格式化输入和输出等。

1. 从文件读出

1) fgetc()

fgetc()函数用于从一个指定的文件中读出一个字符,该文件必须是以读或者读写方式打开的,其一般调用形式如下:

```
ch=fgetc(fp)
```

fp 为文件型指针变量,ch 为读出的字符变量。

2) fgets()

fgets()函数用于从一个指定的文件中读出一个字符串,其一般调用形式如下:

```
fgets(str, num, fp)
```

num 为需要读取的字符个数,fp 为文件型指针变量。从 fp 指向的文件中读取 num-1 个字符,然后在最后加一个'\0'字符,再把它们放入数组 str 中。

3) getw()

getw()函数表示从一个磁盘文件中读取一个整数,其一般调用形式如下:

```
getw(fp)
```

fp 为文件型指针变量。

4) fread()

fread()函数用于读取一组数据,其一般调用形式如下:

```
fread(buffer, size, count, fp)
```

buffer 是读取数据所存放的地方,size 表示要读写的字节数,count 表示要进行读写多少字节的数据项,fp 为文件型指针。

5) fscanf()

fscanf()函数用于从磁盘文件中读取 ASCII 字符,并将读取的数据存入指定变量中,其一般调用形式如下:

```
fscanf(fp, format string, in_list)
```

fp 为文件型指针,format string 是格式字符串,in_list 表示输入表列。

2. 写入文件

1) fputc()

fputc()函数表示将一个字符写入指定的磁盘文件中,其一般调用形式如下:

```
fputc(ch, fp)
```

ch 为要写入的字符,fp 为文件型指针变量。

2) fputs()

fputs()函数表示向指定文件写入一个字符串,其一般调用形式如下:

```
fputs(str, fp)
```

str 表示要写入的字符串,fp 为文件型指针变量。

3) putw()

putw()函数用于将一个整数写入指定的文件,其一般调用形式如下:

```
putw(digit, fp)
```

digit 表示要写入的整数,fp 为文件型指针变量。

4) fwrite()

fwrite()用来将一组数据写入指定的文件,其一般调用形式如下:

```
fwrite(buffer, size, count, fp)
```

其各个参数的意义和 fread()函数中的相同,只是这里的 buffer 存放的是要写入文件的数据。

5) fprintf()

fprintf()函数用于格式化输出字符串到指定的文件,其一般调用形式如下:

```
fprintf(fp, format string, out_list)
```

fp 为文件型指针,format string 是格式字符串,out_list 表示输出表列。我们举例来说明如下:

```
fprintf(fp,"%d, %2.2f", i, j)
```

本语句的作用是将整型变量 i 和实型变量 j 的值按照%d 和%2.2f 的形式输出到 fp 所指向的文件上。

3.2.3 文件的状态

1. 文件结束判断

在 ANSI 标准中,使用 feof()函数来判断文件是否结束,其一般调用形式如下:

```
feof(fp)
```

fp 为文件型指针,如果遇到文件结束符,即表示文件结束返回非 0,否则返回 0。

2. 错误检测及清除

1) ferror()

在调用各种输入输出函数时,如果出现了错误,可以用 ferror()函数来检测,其一般调用形式如下:

```
ferror(fp)
```

如果 ferror 返回 0,则表示没有出错。

2) clearer()

clearer()函数用于将文件错误标志和文件结束标志置为 0,其一般调用形式如下:

```
clearer(fp)
```

如果在调用一个输入输出函数出错后,再调用该函数,即可将 ferror()值清为 0。

3.2.4 文件的定位

文件中有一个位置指针指向当前读写的位置。有时我们需要获取位置指针的位置或者改变当前的指向位置,C 语言中提供了几个函数来实现这些功能。

1. rewind()

rewind()函数将位置指针重新返回到文件的开头,其一般调用形式如下:

```
rewind(fp)
```

2. ftell()

ftell()函数用于获取流式文件中的当前位置,用相对于文件开头的位移量来表示,其一般调用形式如下:

```
ftell(fp)
```

如果返回正整数,则表示当前的存放位置,如果返回值为 $-1L$,则表示出错。

3. fseek()

fseek()函数用于实现改变位置指针所指向的位置,其一般调用形式如下:

(文件类型指针,位移量,起始点)

起始点有三个值,分别是文件开始(SEEK_SET,用数字 0 表示)、文件当前位置(SEEK_CUR,用数字 1 表示)和文件末尾(SEEK_END,用数字 2 表示);位移量是以起始点为基点而移动的字节数,如果字节数为正表示向前移动,如果为负则表示向后移动。ANSI C 标准要求位移量是 long 型数据,并规定在数字的末尾加一个字母 L,表示 long 型。

举例说明,假定有如下的调用:

```
fseek(fp, 100L, 1)
```

该语句表示将位置指针向前移动到离当前位置 100 字节处。

3.3 动画技术

我们知道电影或动画片是由一张张图像组成的,它利用人眼不能够分辨出时间间隔在 25 毫秒内的动态图像变化这一特性,在这些连续图像被放映时,从视觉效果上给人以动的感觉。所以在计算机屏幕上产生运动的效果需要动画技术。

3.3.1 采用延迟与清屏交错的实现方法

这种方法利用 cleardevice() 和 delay() 函数相互配合,先画一幅图形,让它延迟一段时间,然后清屏,再画另一幅,如此反复,就形成动态效果。本小节的例 3-1 分别通过函数 graphone()、graphtwo() 和 graphthree() 实现了三幅简单的动画画面,这三幅画面不停地进行切换。

例 3-1

```
#include<graphics.h>
#include<stdlib.h>
#include<dos.h>
int x,y,maxcolor;
void graphone(char * str);          /* 使字符串 str 左右运动,线条上下运动 */
void graphtwo(char * str);          /* 使字符串 str 上下运动,线条左右运动 */
void graphthree(char * str);   /* 使字符串 str 由小变大,再由大变小,直线也随之变化 */
main()
{
    int i,driver,mode;
    char * str="ＷＥＬＣＯＭＥ!";
    driver=DETECT;
    mode=0;
    initgraph(&driver,&mode,"");   /* 系统初始化 */
    cleardevice();                 /* 清屏 */
    settextjustify(CENTER_TEXT,CENTER_TEXT);
    x=getmaxx();                   /* 返回当前图形模式下的最大有效的 x 值 */
    y=getmaxy();                   /* 返回当前图形模式下的最大有效的 y 值 */
    maxcolor=getmaxcolor();        /* 返回当前图形模式下最大有效的颜色值 */
    while(!kbhit())
    {
        graphone(str);             /* 第一个动画 */
        graphtwo(str);             /* 第二个动画 */
        graphthree(str);           /* 第三个动画 */
    }
```

```c
        getch();
        closegraph();                    /*关闭图形模式*/
}
void graphone(char *str)
{
    int i;
    for(i=0;i<40;i++)
    {
        setcolor(1);
        settextstyle(1,0,4);
        setlinestyle(0,0,3);
        cleardevice();
        line(150,y-i*15,150,y-300-i*15);
        line(170,y-i*15-50,170,y-350-i*15);
        line(130,y-i*15-50,170,y-i*15-50);
        line(150,y-300-i*15,190,y-300-i*15);
        line(x-150,i*15,x-150,300+i*15);
        line(x-170,i*15-50,x-170,250+i*15);
        line(x-150,i*15,x-190,i*15);
        line(x-130,250+i*15,x-170,250+i*15);
        outtextxy(i*25,150,str);
        outtextxy(x-i*25,y-150,str);
        delay(5000);
    }
}
void graphtwo(char *str)
{
    int i;
    for(i=0;i<30;i++)
    {
        setcolor(5);
        cleardevice();
        settextstyle(1,1,4);
        line(i*25,y-100,300+i*25,y-100);
        line(i*25,y-120,300+i*25,y-120);
        line(x-i*25,100,x-300-i*25,100);
        line(x-i*25,120,x-300-i*25,120);
        outtextxy(150,i*25,str);
        outtextxy(x-150,y-i*25,str);
        delay(5000);
    }
}
void graphthree(char *str)
{
    int i,j,color,width;
```

```c
    color=random(maxcolor);              /*随机得到颜色值*/
    setcolor(color);
    settextstyle(1,0,1);                 /*设置字符串的格式*/
    outtextxy(x/2,y/2-100,str);          /*显示字符串*/
    delay(8000);
    for(i=0;i<8;i++)                     /*字符串由小变大*/
    {
        cleardevice();                   /*清屏*/
        settextstyle(1,0,i);
        outtextxy(x/2,y/2-i*10-100,str);
        outtextxy(x/2,y/2+i*10-100,str);
        width=textwidth(str);            /*得到当前字符串宽度*/
        setlinestyle(0,0,1);             /*设置画线格式*/
        line((x-width)/2+10*(8-i),y/2+i*15-70,(x+width)/2-10*(8-i),y/2+i*15-70);
        line((x-width)/2+5*(8-i),y/2+i*15-60,(x+width)/2-5*(8-i),y/2+i*15-60);
        line((x-width)/2,y/2+i*15-50,(x+width)/2,y/2+i*15-50);
        line((x-width)/2,y/2+i*15-20,(x+width)/2,y/2+i*15-20);
        line((x-width)/2+5*(8-i)-10,y/2+i*15-10,(x+width)/2-5*(8-i),y/2+i*15-10);
        line((x-width)/2+10*(8-i),y/2+i*15,(x+width)/2-10*(8-i),y/2+i*15);
        delay(8000);
    }
    for(i=7;i>=0;i--)                    /*字符串由大变小*/
    {
        cleardevice();                   /*清屏*/
        settextstyle(1,0,i);
        outtextxy(x/2,y/2-i*10-100,str);
        outtextxy(x/2,y/2+i*10-100,str);
        width=textwidth(str);
        setlinestyle(0,0,1);
        line((x-width)/2+10*(8-i),y/2+i*15-70,(x+width)/2-10*(8-i),y/2+i*15-70);
        line((x-width)/2+5*(8-i),y/2+i*15-60,(x+width)/2-5*(8-i),y/2+i*15-60);
        line((x-width)/2,y/2+i*15-50,(x+width)/2,y/2+i*15-50);
        line((x-width)/2,y/2+i*15-20,(x+width)/2,y/2+i*15-20);
        line((x-width)/2+5*(8-i),y/2+i*15-10,(x+width)/2-5*(8-i),y/2+i*15-10);
        line((x-width)/2+10*(8-i),y/2+i*15,(x+width)/2-10*(8-i),y/2+i*15);
        delay(8000);
    }
}
```

程序中用到的库有 graphics.h、dos.h 和 stdlib.h。其中，graphics.h 中的图形函数，除

initgraph()、cleardevice()、closegraph()、settextjustify()、settextstyle()、setlinestyle()、outtextxy()、setcolor()、line()外，还包括如下：

```
void far textwidth(char far * str);
```

功能：以像素为单位，返回由 str 所指向的字符串宽度，针对当前字符的字体与大小。该程序用到的 dos.h 中的库函数有 delay()，其原型说明如下：

```
void delay(unsigned milliseconds)
```

功能：该函数将程序的执行暂停一段时间(毫秒)。

```
void far random(int num)
```

功能：此函数返回一个 0～num 范围内的随机数。该函数在 stdlib.h 库中。

3.3.2　动态开辟视图窗口的方法

我们还可以利用视图窗口设置技术来实现视图窗口动画效果，具体方法是：在不同视图窗口中设置同样的图像，然后让视图窗口沿 x 轴方向移动设置，这次出现前要清除上次视图窗口的内容，这样就会出现图像沿 x 轴移动的效果。也就是说，在位置动态变化但大小不变的视图窗口中(用 setviewport()函数)，设置固定图形(也可是微小变化的图像)，这样虽呈现在观察者面前的是当前视图窗口位置在动态变化，但视觉上却像是看到图像在屏幕上动态变化一样。

例 3-2 就是这样做的，不断地沿 x 轴开辟视图窗口，就像一个大小一样的窗口沿 x 轴在移动，由于总有 clearviewport 函数清除上次窗口的相同立方体，因而视觉效果上，就像一个立方体从左向右移动一样。程序中定义的 movebar 函数作用是开辟一个视图窗口，并画一个填色的立方体，保留一阵(delay(250000))然后清除它，主程序不断调用它，因每次顶点 x 坐标在增加，因而效果是立方体沿 x 轴从左向右在运动。

例 3-2

```
#include<graphics.h>
#include<dos.h>
main()
{
    int i,driver,mode;
    graphdriver=DETECT;
    initgraph(&driver,&mode,"");
    for(i=0;i<25;i++)
    {
        setfillstyle(1, i);
        movebar(i * 20);
    }
    closegraph();
}
movebar(int xorig)           /*设窗口并画填色小立方体*/
```

```
    {
        setviewport(xorig,0,639,199,1);
        setcolor(5);
        bar3d(10,120,60,150,40,1);
        floodfill(70,130,5);
        floodfill(30,110,5);
        delay(250000);
        clearviewport();
    }
```

采用上面的两种方法对较复杂图形不适宜,一则画图形要占较长时间,二则视图窗口位置切换的时间变得较长,因而动画效果就会变差。

3.3.3 屏幕图像存储再放的方法

在图形方式下,与文本方式类似,除了清屏函数 cleardevice()外,还有其他的对屏幕图像操作的函数。其中一类是屏幕图像存储和显示函数,包括:存屏幕图像到内存区 getimage()函数,测定图像所占字节数的 imagesize()函数,将所存图像显示的 putimage()函数,函数详情见 3.1.3 节。

例 3-3 演示了动画的工作方式,for 循环用来在屏幕上方产生连续的五个方框,方框中套用洋红色填充的小方块,五个图像全一样。循环结束后,又在屏幕下方画出两个小框,小框用洋红色填充并在大框内。程序运行后,立即在屏幕上显示出上述图案,当按任意键后,则由函数 imagesize()得到屏幕下方大框区域内图像所占字节数,然后由 malloc()函数按字节数分配内存缓冲区 buffer,再由 getimage()函数将图像存到 buffer 中,然后复制到屏幕上方左边第一个框位置。按任意键后,又将 buffer 中图像和第二个框图像进行与操作后显示,再按任意键,buffer 中的图像又和第三个方框内图像进行或操作并显示,如此重复,则可将 5 种逻辑操作结果均显示在屏幕上。

注意:COPY 和 NOT 操作将与原来屏幕上的图像无关,buffer 中图像经过这两种操作,将覆盖掉原屏幕上图像,并将结果进行显示。

例 3-3

```
#include<graphics.h>
main()
{
    int i,j,driver,mode,size;
    void *buffer;
    driver=DETECT;
    initgraph(&driver,&mode,"");
    setbkcolor(BLUE);
    cleardevice();
    setcolor(YELLOW);
    setlinestyle(0,0,1);                    /*用细实线*/
    setfillstyle(1,5);                      /*用洋红色实填充*/
    for(i=0;i<5;i++)                        /*产生连续的五个方框中套小框*/
```

```c
        {
            j=i*110;
            rectangle(80+j,100,130+j,150);     /*产生小框且用洋红色填充*/
            floodfill(110+j,140,YELLOW);
            rectangle(50+j,100,130+j,180);     /*画大框*/
        }
        rectangle(50,340,100,420);             /*产生一个小框*/
        floodfill(80,360,YELLOW);              /*用洋红色填充*/
        rectangle(50,340,130,420);             /*产生一个大框*/
        getch();
        size=imagesize(40,300,132,430);
                                               /*取得(40,300)右下角(132,430)区域图像字节数*/
        buffer=malloc(size);                   /*分配缓冲区(按字节数)*/
        getimage(40,300,132,430,buffer);       /*存图像*/
        putimage(40,60,buffer,COPY_PUT);       /*重新复制*/
        getch();
        j=110;
        putimage(40+j,60,buffer,AND_PUT);      /*和屏幕上的图与操作*/
        getch();
        putimage(40+2*j,60,buffer,OR_PUT);
        getch();
        putimage(40+3*j,60,buffer,XOR_PUT);
        getch();
        putimage(40+4*j,60,buffer,NOT_PUT);
        getch();
        closegraph();
}
```

同制作幻灯片一样,将整个动画过程变成一个个片断,然后存到显示缓冲区内,当把它们按顺序重放到屏幕上时,就出现了动画效果,这可以用getimage()和putimage()函数来实现,这种方法较快,因它已事先将要重放的画面画好了。余下的问题,就是计算应在什么位置重放的问题了。

例 3-4 演示了利用这种方法产生的两个洋红色小球碰撞、弹回然后又碰撞的动画效果。

例 3-4

```c
#include<graphics.h>
main()
{
    int i,driver,mode,size;
    void *buffer;
    driver=DETECT;
    initgraph(&driver,&mode,"");
    setbkcolor(BLUE);
    cleardevice();
    setcolor(YELLOW);
```

```
        setlinestyle(0,0,1);
        setfillstyle(1,5);
        circle(100,200,30);
        floodfill(100,200,YELLOW);              /*填充圆*/
        size=imagesize(69,169,131,231);         /*指定图像占字节数*/
        buffer=malloc(size);                    /*分配缓冲区(按字节数)*/
        getimage(69,169,131,231,buffer);        /*存图像*/
        putimage(500,169,buffer,COPY_PUT);      /*重新复制*/
        do{
            for(i=0;i<185;i++)
            {
                putimage(70+i,170,buffer,COPY_PUT);   /*左边球向右运动*/
                putimage(500-i,170,buffer,COPY_PUT);  /*右边球向左运动*/
            }                                         /*两球相撞后循环停止*/
            for(i=0;i<185;i++)
            {
                putimage(255-i,170,buffer,COPY_PUT);  /*左边球向左运动*/
                putimage(315+i,170,buffer,COPY_PUT);  /*右边球向右运动*/
            }
        }while(!kbhit());                       /*当不按键时重复上述过程*/
        getch();
        closegraph();
    }
```

3.3.4 利用页交替的方法

对屏幕图像操作的函数,还有一类是设置显示页函数。显示适配器的显示存储器为 VRAM,图形方式下存储在 VRAM 中的一满屏图像信息称为一页。每页一般为 64K 字节,VRAM 可以存储要显示的图像几页(视 VRAM 容量而定,最大可达 8 页),Turbo C 2.0 支持页的功能有限,按在图形方式下显示的模式最多支持 4 页(EGALO 显示方式),一般为 2 页(注意对 CGA,仅有 1 页),因存储图像的页显示时,一次只能显示 1 页,因此必须设定某页为当前显示的页(又称可视页),缺省时定为 0 页,如图 3.1 所示。

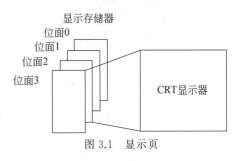

图 3.1 显示页

正在由用户编辑图形的页称为当前编辑页(又称激活的页),这个页不等于显示页,即若用户不设定该页为当前显示页时,在该页上编辑的图形将不会在屏幕上显示出来。缺省时,设定 0 页为当前编辑页,即若不用下述的页设置函数进行设置,就认定 0 页既是编辑页,又是当前显示页。

设置激活页和显示页的函数为 setactivepage() 和 setvisualpage(),详情见 3.1.3 节。这两个函数只能用于 EGA、VGA 等显示适配器。前者设置由 pagenum 指出的页为激活的页,后者设置可显示的页。当设定了激活的页,即编辑页后,则程序中其后的画图操作均在该页进行,若它不定为显示页,则其上的图像信息并不会在屏幕上显示出来。

例 3-5 的程序演示了设置显示页函数的应用。首先用 setactivepage(1) 设置 1 页为编辑页,在上面画出一个红色边框、用淡绿色填充的圆,此图并不显示出来(因缺省时,定义 0 页为可视页)。接着又定义 0 页为编辑页并清屏(即清 0 页),也定义 0 页为可视页,并在其上画出一个用洋红色填充的方块,该方块将在屏幕上显示出来。接着进入 do 循环,设置 1 页为可视页,因而其上的圆便在屏幕上显示出来,方块的图像消失,用 delay(2000) 将圆图像保持 2000 毫秒即 2 秒,当不按键时,下一次循环又将 0 页设为可视页,因而方块的图像显示出来,圆图像又消失。保持 2 秒后,又重复刚开始的过程。这样我们就会看到:屏幕上同一位置洋红色方块和淡绿色圆交替出现,若将 delay 时间变少,将会出现动画的效果。

例 3-5

```c
#include<graphics.h>
#include<dos.h>
main()
{
    int i,graphdriver,graphmode,size,page;
    graphdriver=DETECT;
    initgraph(&graphdriver,&graphmode,"");
    cleardevice();
    setactivepage(1);                    /*设置1页为编辑页*/
    setbkcolor(BLUE);
    setcolor(RED);
    setfillstyle(1,10);
    circle(130,270,30);                  /*画圆*/
    floodfill(130,270,4);                /*用淡绿色填充圆*/
    setactivepage(0);                    /*设置0页为编辑页*/
    cleardevice();                       /*清0页*/
    setfillstyle(1,5);
    bar(100,210,160,270);                /*画方块并填充洋红色*/
    setvisualpage(0);                    /*设置0页为可视页*/
    page=1;
    do
    {
        setvisualpage(page);             /*显示设定页的图像*/
        delay(2000);                     /*延迟2000ms*/
        page=page-1;
        if(page<0)
            page=1;
    } while(!kbhit());
    getch();
    closegraph();
}
```

正如上面的程序所示，将当前显示页和编辑页分开（用 setvisualpage( ) 和 setactivepage( ) 函数），在编辑页上画好图形后，立即令该页变为显示页显示，然后在上次的显示页上（现在变为编辑页）进行画图，画好后，又再次交换，如此编辑页和显示页反复地交换，在观察者的视觉上，就出现了动画的效果。要让页的交替速度快，唯一的办法是缩短在页上的画图时间。

3.4 中断知识

本节将介绍中断技术，即如何用 Turbo C 实现自己的中断服务。

所谓中断，是指 CPU 在正常运行程序时，由于程序的预先安排或内外部事件，引起 CPU 中断正在运行的程序，而转到为预先安排的事件或内外部事件服务的程序中去，这些引起程序中断的事件称为中断源。预先安排的事件是指 PC 的中断指令，执行到此，立即转相应的服务程序去执行。内部事件是指系统板上出现的一些事件信号，中断指令也可看作内部事件。外部事件是指某些接口设备所发出的请求中断程序执行的信号，这些信号称为中断请求信号。中断请求信号何时发生是不能预知的，然而，它们一旦请求中断，则会向 CPU 的接收中断信号的引脚发出电信号，因此这些信号 CPU 是马上可以知道的。这样，CPU 就无须花大量的时间查询这些信号是否产生，因为中断请求信号一旦产生，便会马上通知 CPU。如键盘何时有键按下是随机的，因而 CPU 可以对键盘不加理睬，而去执行其他程序，一旦有键按下，键盘马上产生中断请求信号，CPU 得知这信号后，便立即去执行为键盘服务的中断程序，服务完后，CPU 又恢复执行被中断了的程序。中断服务程序执行完，返回原来执行程序的中断处（称为断点）继续往下执行，称为中断返回。有时中断请求信号（即中断源）可能有好几个，因此 CPU 响应这些中断就得有先后次序，这称为中断的优先级。CPU 首先响应优先级高的中断，优先级低的中断暂不响应，称为挂起。有些中断源产生的中断，可以用编程的办法使 CPU 不予理睬，这叫中断的屏蔽。CPU 响应中断，转去执行中断服务程序前，需将被中断程序的现场信息保存下来，以便执行完中断服务程序后，接着从被中断程序的断点处继续往下执行。现场信息是指程序计数器的内容、CPU 的状态信息、执行指令后的结果特征和一些通用寄存器的内容，有些信息的保存和程序计数器的内容等由机器硬件预先安排完成，称为中断处理的隐操作。有些信息保存是在中断服务程序中预先安排的。CPU 响应中断时，由中断源提供地址信息，引导程序转移到中断服务程序中去执行。这个地址信息称为中断向量，它一般是和中断源相对应的，PC 采用类型号来标识中断源。

中断方式以其执行速度快、可实时处理、不占用 CPU 过多的时间等优点，在一些高级应用场合中较多地被采用。PC 中断系统不仅具备一般中断系统的特点，而且有所创新，比如，中断不仅可由外部事件引起，也可由预先安排的事件，或称为内部事件引起，这些内部事件是指中断指令和执行一些指令引起的特殊事件等。下面是用 Turbo C 编写中断程序的方法。用 Turbo C 实现编写中断程序的方法可由 3 部分来实现：即编写中断服务程序、安装中断服务程序、激活中断服务程序。

3.4.1 编写中断服务程序

我们的任务是,当产生中断后,脱离被中断的程序,使系统执行中断服务的程序,它必须打断当前执行的程序,急需完成一些特定操作,因此该程序中应包括一些能完成这些操作的语句和函数。由于产生中断时,必须保留被中断程序中断时的一些现场数据,即保存断点,这些值都在寄存器中(若不保存,当中断服务程序用到这些寄存器时,将改变它的值),以便恢复中断时,使这些值复原,以继续执行原来中断了的程序。

Turbo C 2.0 为此提供了一种新的函数类型 interrupt,它将保存由该类型函数参数指出的各寄存器的值,而在退出该函数,即中断恢复时,再复原这些寄存器的值,因而用户的中断服务程序必须定义成这种类型的函数。如中断服务程序名定为 myp,则必须将这个函数说明成如下式样:

```
void interrupt myp(unsigned bp,unsiened di,unsigned si,unsigned ds,
unsigned es,unsigned dx,unsigned cx,unsigned bx,
unsigned ax,unsigned ip,unsigned cs,un3igned flags);
```

若是在小模式下的程序,只有一段,在中断服务程序中用户就可以像用无符号整数变量一样,使用这些寄存器。若中断服务程序中不使用上述的寄存器,也就不会改变这些寄存器原来的值,因而也就不需保存它们,这样在定义这种中断类型的函数时,可不写这些寄存器参数,如可写成:

```
void interrupt myp()
{
    ...
}
```

对于硬中断,则在中断服务程序结束前要送中断结束命令字给系统的中断控制寄存器,其口地址为 0x20,中断结束命令字也为 0x20,即 outportb(0x20,0x20)。

在中断服务程序中,若不允许别的优先级较高的中断打断它,则要禁止中断,可用函数 disable()来关闭中断。

若允许中断,则可用开中断函数 enable()来开放中断。

3.4.2 安装中断服务程序

定义了中断服务函数后,还需将这个函数的入口地址填入中断向量表中,以便产生中断时程序能转入中断服务程序去执行。为了防止正在改写中断向量表时,又产生别的中断而导致程序混乱,可以关闭中断,当改写完毕后,再开放中断。一般来说,常定义一个安装函数来实现这些操作,如:

```
void install(void interrupt ( * faddr)(),int inum)
{
    disable();
    setvect(inum,faddr);
```

```
        enable();
}
```

其中，faddr 是中断服务程序的入口地址，其函数名就代表了入口地址，而 inum 表示中断类型号。setvect()函数就是设置中断向量的函数，上述定义的 install()函数，将把中断服务程序入口地址填入中断向量 inum 中。

setvect(intnum,faddr)：把第 intnum 号中断向量指向所指的函数，即指向 faddr() 函数。

注意：faddr()必须是一个 interrupt 类型函数。

getvect(intnum)：返回第 intnum 号中断向量的值，即 intnum 号中断服务程序的进入地址(4Bytes 的 far 地址)。该地址是以 pointer to function 的形式返回的。

getvect()使用的方式为：ivect = getvect(intnum);，其中，ivect 是一个 fuction 的 pointer，存放 function 的地址，其类型必须是 interrupt 类型，由于声明时，此 pointer 无固定值，所以冠以 void。

3.4.3 激活中断服务程序

当中断服务程序安装完后，如何产生中断，从而执行这个中断服务程序呢？对硬件中断，就要在相应的中断请求线(IRQi, i＝0,1,2,…,7)产生一个由低到高的中断请求电平，这个过程必须由接口电路来实现，但如何激励它产生这个电平呢？可以用程序来控制实现，如发命令(outportb(口地址,命令))。然后主程序等待中断，当中断产生时，便去执行中断。

由于中断类型的函数不同于用户定义的一般函数，因此也不能用调用一般函数的方法来调用它，这样一般软中断调用可用如下方法。

(1) 使用库函数 geninterrupt(中断类型号)

在主函数中适当的地方，用 setvect 函数将中断服务程序的地址写入中断向量表中，然后在需要调用的地方用 geninterrupt()函数调用。

(2) 直接调用

如已用 setvect(类型号,myp)设置了中断向量值，则可用 myp()直接调用，或用指向地址的方法调用：

```
(* myp)();
```

(3) 汇编语句的方法调用

用在 Turbo C 程序中插入汇编语句的方法来调用，如：

```
setvect (inum,myp)
…
asm int inum;
…
```

不过用这种方法的程序生成执行程序稍麻烦点。

通常上述的调用可定义成一个中断激活函数来完成，该函数中可附加一些别的操作，主程序在适当的地方调用它就可以了。

(4) 恢复被修改的中断向量

这一步视情况而定,当用户采用系统已定义过的中断向量,并且将其中断服务程序进行了改写,或用新的中断服务程序代替了原来的中断服务程序,为了在主程序结束后,恢复原来的中断向量以指向原中断服务程序,可以在主程序开始时,存下原中断向量的内容,这可以用取中断向量函数 getvect() 来实现,如 j=(char *)getvect(0x1c),这样 j 指针变量中将是 0x1c 中断服务程序的入口地址,由于 DOS 已定义了 0x1c 中断的服务程序入口地址,但它是一条无作用的中断服务,因而我们可以利用 0x1c 中断来完成一些用户想执行的一些操作,实际上就是用户自己的中断服务程序代替了原来的。当主程序要结束时,为了保持系统的完整性,我们可以恢复原来的中断服务入口地址,如可用 setvect(0x1c,j),也可以调用 install() 函数再一次进行安装。一般情况下可以不加这一步。

3.5 发声技术

播放歌曲就意味着让计算机发声,由于声音是从 PC 内的扬声器发出的,因此我们要首先了解一下计算机发声原理。在 PC 的系统板上装有定时与计数器 8253 芯片,还有 8255 可编程并行接口芯片,由它们组成的硬件电路可用来产生 PC 内扬声器的声音,对于 286、386、486、586 等 PC,由于采用了超大规模集成电路,因而看不到这些芯片,它们均集成在外围电路芯片上了。当我们操作计算机时,常常听到的发声,就是由软件控制这些电路而产生的。声音的长短和音调的高低,均可由程序进行控制。在扬声器电路中,定时器的频率决定了扬声器发声的频率,所以可通过设定定时器电路的频率来使扬声器发出不同的声音。对定时器电路进行频率设定时,首先对其命令寄存器(口地址为 0x43)写命令字,如写入 0xb6,这可用 outportb(0x43,0xb6);来实现,则表示选择该定时器的第二个通道,计数频率先送低 8 位(二进制),后送高 8 位。接着用口地址 0x42 送频率计数值,先送低 8 位,后送高 8 位,即用 outportb(0x42,低 8 位频率计数值)和 outportb(0x42,高 8 位频率计数值)来实现。通过这两步使定时器电路产生一系列方波信号,此信号是否能推动扬声器发音,还要看由 8255 产生的门控信号和送数信号是否为 1,而它们也可编程,口地址为 0x61。为了不影响 8255 口地址 61H 中的其他高位,应先输入口地址 61H 的现有值 bits,即 bits=inportb(0x61)来实现,然后就可用 outportb(0x61,bits|3) 来允许发声,而用 outportb(0x61,bits&0xfc)来禁止发声,且不改变 8255 其他位原来的值。

3.5.1 声音函数

编写音乐程序播放歌曲,最简单的方法是可以直接使用 Turbo C 2.0 在 dos.h 中提供的有关发声的函数 sound() 和 nosound()。

void sound(unsigned frequency)函数用于产生声音,其入口参数为扬声器要产生声音的频率。

void nosound(void)函数关闭扬声器,该函数没有入口和出口参数,它只是简单地把口地址 61H 中的低 2 位清 0。

在利用函数 sound() 产生指定频率的声音后,要过一段时间后再调用函数 nosound() 关闭扬声器,这样我们才能清楚地听到一个声音。如果扬声器刚打开就关闭,我们是很难听到一个声音的。某个频率的声音延续时间的长短是重要的,它将直接影响音响效果。这需要使用 Turbo C 提供的专门的延时函数 delay,其原型说明如下:

```
void delay (unsigned milliseconds);
```

该函数中断程序的执行,中断的时间由 milliseconds 指定。

例 3-6 该程序每间隔 10 000 milliseconds 通过 PC 扬声器发出不同频率的声音,直到频率大于 5000Hz。

```
#include<dos.h>
main()
{
    int freq;
    for(freq=50;freq<5000;freq+=50)
    {
        sound (freq);
        delay(10000);
    }
    nosound();
}
```

3.5.2 乐谱的计算机表示方法

音乐程序设计中有两个最重要的因素:音符和音长。进行音乐程序设计时必须要解决如何用"曲调定义语言"来表示音符和如何控制音符的持续时间问题。

1. 音符

音调由音符构成,音调的高低由音频决定,频率越高,音调也越高。音乐中使用的频率一般为 131~1976Hz,它包括中央 C 调及前后的 4 个 8 度音程。这 4 个 8 度中各音符的频率如表 3.11 所示。

表 3.11 频率与音阶的对照表

音调	低音	频率	中音	频率	高音	频率	最高音	频率
C	1	131	1	262	1	523	1	1047
D	2	147	2	296	2	587	2	1175
E	3	165	3	330	3	659	3	1319
F	4	176	4	349	4	699	4	1397
G	5	196	5	392	5	784	5	1568
A	6	220	6	440	6	880	6	1760
B	7	247	7	494	7	988	7	1976

为了在程序中输入方便,我们常用英文字母表示音符的频率。我们用 asdfghj 表示中音段 CDEFGAB;zxcvbnm 代表低音段 CDEFGAB;qwertyu 代表高音段 CDEFGAB。对于

很不常用的最高音的 7 个音符可以再用 7 个其他符号代替。

表示音符频率的另一个方案是用枚举类型常量来定义表 3.11 中各音符的频率。

例如定义 enum music 如下：

{
    C0=131, D0=147, E0=165, F0=175, G0=196, A0=220, B0=247,
    C1=262, D1=294, E1=330, F1=349, G1=392, A1=440, B1=494,
    C2=523, D2=587, E2=659, F2=698, G2=784, A2=880, B2=988,
    C3=1047, D3=1175, E3=1319, F3=1397, G3=1568, A3=1760, B3=1976,
}

2. 音长

音长表示音符的持续时间。演奏时，每个音符必须有一个频率用 sound 去发声，且必须有适当的时间延时，形成拍子。在乐曲中，音长分全音符、半音符、4 分音符、8 分音符等。通常以 4 分音符为一拍，这样我们可以用 1 拍的时间来推出其他节拍。

为了在程序中表示音长，我们一般可以有两个方案来解决这个问题。一是在曲谱中找出持续最短的音符，把它作为一个字母写出，然后时长是其一倍的就用两个同样的字母表示，以此类推，两倍的用三个同样的字母表示，三倍的就用四个同样的字母表示。

例如对于 2.3 1 16 | 56 5 两小节乐谱，我们可以表示成 s s s d a a n bb n n bbbb。

另一个方案采用宏定义来解决：

```
#define m1 32
#define m2 m1/2
#define m4 m1/4
#define m8 m1/8
#define m16 m1/16
```

上述两小节乐谱的表示如表 3.12 所示。

表 3.12 乐谱示例

音　符	音　高	音　长
2	D1	m8＋m16
3	E1	m16
1	C1	m8
1	C1	m16
6	A0	m16
5	G0	m8
6	A0	m8
5	G0	m4

知道了这些知识，就容易编制一个乐谱程序。

第4章 C语言课程设计初级实例

本章给出 12 个 C 语言课程设计的初级实例,展示了 C 语言应用的初级应用,通过练习初级实例熟练掌握 VC++ 6.0 控制台程序的环境搭建。熟练掌握函数的使用方法,根据给出初级实例的代码分析程序各个模块的作用。

4.1 计算运行时间实例

例 4-1 计算运行时间实例运行结果如图 4.1 所示。

图 4.1 计算运行时间实例运行结果

1. 源代码

```
/* calculate time */
#include "time.h"
#include "stdio.h"
main()
{ clock_t start,end;
  int i;
  double var;
  start=clock();
  for(i=0;i<10000;i++)
    { printf("\1\1\1\1\1\1\1\1\1\n");}
    end=clock();
    printf("\1: The different is %6.3f\n",(double)(end-start));
}
```

2. 代码相关提示

实例运用时间计时函数 clock(),计算循环的时间。

4.2 求解勾股数

例 4-2 求解勾股数的实例运行结果如图 4.2 所示。

```
100以内的勾股数有:
   a   b   c      a   b   c      a   b   c      a   b   c
   3   4   5      5  12  13      6   8  10      7  24  25
   8  15  17      9  12  15      9  40  41     10  24  26
  11  60  61     12  16  20     12  35  37     13  84  85
  14  48  50     15  20  25     15  36  39     16  30  34
  16  63  65     18  24  30     18  80  82     20  21  29
  20  48  52     21  28  35     21  72  75     24  32  40
  24  45  51     24  70  74     25  60  65     27  36  45
  28  45  53     28  96 100     30  40  50     30  72  78
  32  60  68     33  44  55     33  56  65     35  84  91
  36  48  60     36  77  85     39  52  65     39  80  89
  40  42  58     40  75  85     42  56  70     45  60  75
  48  55  73     48  64  80     51  68  85     54  72  90
  57  76  95     60  63  87     60  80 100     65  72  97
```

图 4.2 勾股数实例运行结果

1. 源代码

```
#include<stdio.h>
#include<math.h>
int main()
{
    int a, b, c, count=0;
    printf("100 以内的勾股数有: \n");
    printf(" a    b    c    a    b    c    a    b    c    a    b    c\n");
    /* 求 100 以内勾股数 */
    for(a=1; a<=100; a++)
        for(b=a+1; b<=100; b++)
        {
            c=(int)sqrt(a*a+b*b);      /* 求 c 值 */
            if(c*c==a*a+b*b && a+b>c && a+c>b && b+c>a && c<=100)
                                       /* 判断 c 的平方是否等于 a2+b2 */
            {
                printf("%4d %4d %4d      ", a, b, c);
                count++;
                if(count%4==0)         /* 每输出 4 组解就换行 */
                    printf("\n");
            }
        }

    printf("\n");
    return 0;
}
```

2. 代码相关提示

若 a、b、c 是一组勾股数,则 a_2+b_2 的平方根一定等于 c,c 的平方应该等于 a、b 的平方和。

4.3 三角形的判断

例 4-3 三角形类型的判断实例运行结果如图 4.3 所示。

图 4.3 判断三角形的类型运行结果

1. 源代码

```
#include<stdio.h>
#include<math.h>
int main()
{
    float a,b,c;
    float s,area;
    printf("请输入三角形的三条边:\n");
    scanf("%f,%f,%f",&a,&b,&c);
    if(a+b>c&&b+c>a&&a+c>b)
    {
        s=(a+b+c)/2;
        area=(float)sqrt(s * (s-a) * (s-b) * (s-c));
        printf("三角形的面积是:%f\n",area);
        if(a==b&&a==c)
            printf("三角形是等边三角形\n");
        else if(a==b||a==c||b==c)
            printf("三角形是等腰三角形\n");
        else if((a*a+b*b==c*c)||(a*a+c*c==b*b)||(b*b+c*c==a*a))
            printf("三角形是直角三角形\n");
        else
            printf("三角形是普通三角形\n");
    }
    else
        printf("不能构成三角形\n");
    return 0;
}
```

2. 代码相关提示

首先判断其两边之和是否大于第三边,若大于则判断可以构成三角形,再进一步判断该三角形是什么三角形,并计算这个三角形的面积;否则不能构成三角形。

(1) 从键盘输入三角形的三条边。

(2) 判断两边之和是否大于第三边。

(3) 若条件成立则判断可构成三角形,计算其面积,并判断其类型;否则判断其不能构成三角形。

(4) 在类型判断中首先判断其是否三边相等,条件成立则判断其为等边三角形;否则判断其是否有两边相等,条件成立则判断其为等腰三角形;否则判断其是否有两边的平方和等于第三边的平方,条件成立则判断其为直角三角形;否则判断其为普通三角形。

4.4 输出任意大小的菱形

例 4-4 输出任意大小的菱形运行结果如图 4.4 所示。

图 4.4 输出任意大小的菱形运行结果

1. 源代码

```
#include<stdio.h>
#include<stdlib.h>
int main(){
    int line;                                   //菱形总行数
    int column;                                 //菱形总列数
    int i;                                      //当前行
    int j;                                      //当前列
    printf("请输入菱形的行数(奇数): ");
    scanf("%d", &line);
    if(line%2==0){                              //判断是否是奇数
        printf("必须输入奇数! \n");
        exit(1);
    }
    column=line;                                //总行数和总列数相同
    for(i=1; i<=line; i++){                     //遍历所有行
```

```c
            if(i<(line+1)/2+1){                    //上半部分(包括中间一行)
                for(j=1; j<=column; j++){          //遍历上半部分的所有列
                    if((column+1)/2-(i-1)<=j && j<=(column+1)/2+(i-1)){
                        printf("*");
                    }else{
                        printf(" ");
                    }
                }
            }else{                                  //下半部分
                for(j=1; j<=column; j++){          //遍历下半部分的所有列
                    if((column+1)/2-(line-i)<=j && j<=(column+1)/2+(line-i)){
                        printf("*");
                    }else{
                        printf(" ");
                    }
                }
            }
            printf("\n");
        }
        return 0;
    }
```

2. 代码相关提示

设菱形的总行数为 line,总列数为 column,当前行为 i,当前列为 j。上半部分与下半部分的规律不一样,应该分开讨论。

对于上半部分(包括中间一行),当前行与当前列满足如下关系输出星号:

j>=(column+1)/2-(i-1)   (column+1)/2-(i-1)为第 i 行最左边的星号
j<=(column+1)/2+(i-1)   (column+1)/2+(i-1)为第 i 行最右边的星号

对于下半部分,当前行与当前列满足如下关系输出星号:

j>=(column+1)/2-(line-i)   (column+1)/2-(line-i)为第 i 行最左边的星号
j<=(column+1)/2+(line-i)   (column+1)/2+(line-i)为第 i 行最右边的星号

不满足上述条件,则输出空格。

4.5 求解空间两点距离

例 4-5 求解空间两点距离实例运行结果如图 4.5 所示。

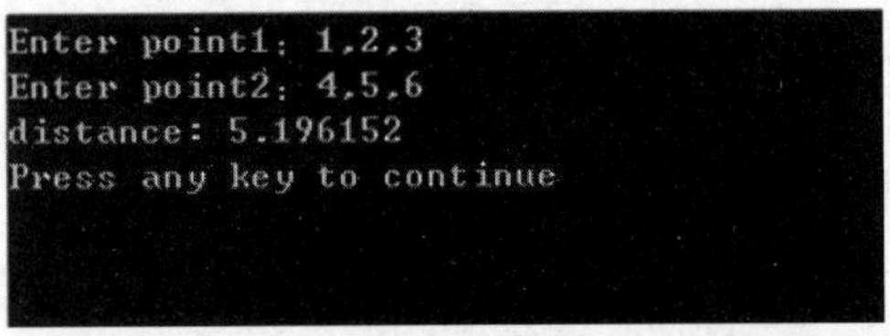

图 4.5 求解空间两点距离实例运行结果

1. 源代码

```c
#include<stdio.h>
#include<math.h>
struct point
{
    float x;
    float y;
    float z;
};
float dist(struct point p1,struct point p2)
{
    float x,y,z;
    float d;
    x=fabs(p1.x-p2.x);
    y=fabs(p1.y-p2.y);
    z=fabs(p1.z-p2.z);
    d=sqrt(x*x+y*y+z*z);
    return d;
}
int main()
{
    struct point p1,p2;
    printf("Enter point1: ");
    scanf("%f,%f,%f",&p1.x,&p1.y,&p1.z);
    printf("Enter point2: ");
    scanf("%f,%f,%f",&p2.x,&p2.y,&p2.z);
    printf("distance: %f\n",dist(p1,p2));
    return 0;
}
```

2. 代码相关提示

空间上两点的坐标分别为(1,2,3),(4,5,6),通过程序运行得到该两点之间的距离为5.196152。

4.6 定积分实例

例 4-6 定积分实例。

利用梯形法计算定积分

$$\int_a^b f(x)dx$$

其中,$f(x)=x^3+3x^2-x+2$。运行结果如图 4.6 所示。

```
Input the count range(from A to B)and the number of sections.
0 1 100
Enter your choice: '1' for fun1,'2' for fun2,'3' for fun3,'4' for fun4==>2
v=2.750073
Press any key to continue
```

图 4.6 定积分求解运行结果

1. 源代码

```c
#include<stdio.h>
#include<math.h>
float collect(float s,float t,int m,float (*p)(float x));
float fun1(float x);
float fun2(float x);
float fun3(float x);
float fun4(float x);
int main()
{
    int n,flag;
    float a,b,v=0.0;
    printf("Input the count range(from A to B)and the number of sections.\n");
    scanf("%f%f%d",&a,&b,&n);
    printf("Enter your choice: '1' for fun1,'2' for fun2,'3' for fun3,'4' for fun4==>");
    scanf("%d",&flag);
    if(flag==1)
        v=collect(a,b,n,fun1);
    else if(flag==2)
        v=collect(a,b,n,fun2);
    else if(flag==3)
        v=collect(a,b,n,fun3);
    else
        v=collect(a,b,n,fun4);
    printf("v=%f\n",v);
    return 0;
}
float collect(float s,float t,int n,float (*p)(float x))
{
    int i;
    float f,h,x,y1,y2,area;
    f=0.0;
    h=(t-s)/n;
    x=s;
    y1=(*p)(x);
    for(i=1;i<=n;i++)
    {
```

```
            x=x+h;
            y2=(*p)(x);
            area=(y1+y2)*h/2;
            y1=y2;
            f=f+area;
        }
        return (f);
}
float fun1(float x)
{
    float fx;
    fx=x*x-2.0*x+2.0;
    return(fx);
}
float fun2(float x)
{
    float fx;
    fx=x*x*x+3.0*x*x-x+2.0;
    return(fx);
}
float fun3 (float x)
{
    float fx;
    fx=x*sqrt(1+cos(2*x));
    return(fx);
}
float fun4(float x)
{
    float fx;
    fx=1/(1.0+x*x);
    return(fx);
}
```

2. 代码相关提示

定义 collect()函数时,函数的首部 float collect(float s,float t,int n,float (*p)(float x))中的 float (*p)(float x)表示 p 是指向函数的指针变量,该函数的形参为实型。在 main()函数的 if 条件结构中调用 collect()函数时,除了将 a、b、n 作为实参传给 collect 的形参 s、n、t 外,还必须将函数名 fun1,fun2,fun3,fun4 作为实参将其入口地址传递给 collect()函数中的形参 p。

4.7 统计文本中英文单词个数

例 4-7 统计文本中英文单词个数运行结果如图 4.7 所示。

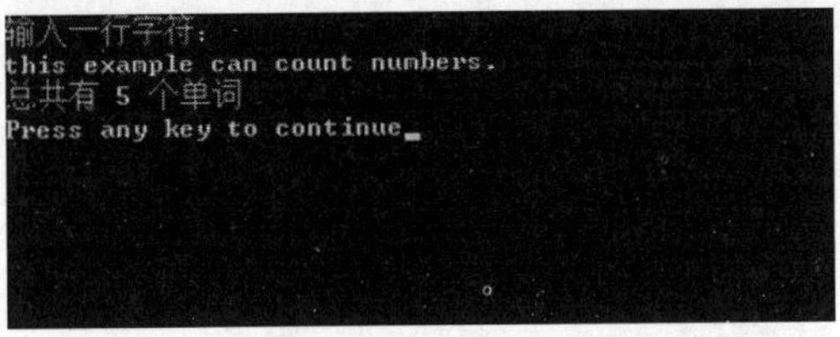

图 4.7　统计文本中英文单词个数运行结果

1. 源代码

```c
#include<stdio.h>
int main()
{
    printf("输入一行字符：\n");
    char ch;
    int i,count=0,word=0;
    while((ch=getchar())!='\n')
       if(ch==' ')
            word=0;
       else if(word==0)
       {
            word=1;
            count++;
       }
    printf("总共有%d 个单词\n",count);
    return 0;
}
```

2. 代码相关提示

本实例展示了如何对字符数组进行操作，类型为字符型的数组称为字符数组，C 语言中没有专门的字符串变量，但是有字符数组串常量，所以字符串常量的存储是通过对字符数组的操作来完成的。

4.8　水果拼盘实例

例 4-8　水果拼盘实例运行结果如图 4.8 所示。

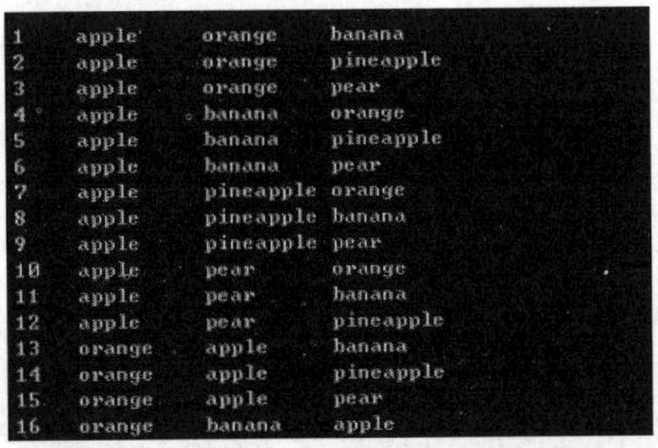

图 4.8　水果拼盘实例运行结果

1. 源代码

```c
#include<stdio.h>
void main()
{
    enum fruit {apple, orange, banana, pineapple, pear};    /*定义枚举结构*/
    enum fruit;
    int x,y,z,pri;                                          /*定义枚举变量*/
    int n,loop;
    n=0;
    for(x=apple;x<=pear;x++)
        for(y=apple;y<=pear;y++)
            if(x!=y)
            {
                for(z=apple;z<=pear;z++)
                    if((z!=x)&&(z!=y))
                    {
                        n=n+1;
                        printf("\n %-4d",n);
                        for(loop=1;loop<=3;loop++)
                        {
                            switch(loop)
                            {
                                case 1:pri=x;break;
                                case 2:pri=y;break;
                                case 3:pri=z;break;
                                default: break;
                            }
                            switch(pri)
                            {
                                case apple: printf(" %-9s","apple");break;
                                case orange: printf(" %-9s","orange");break;
                                case banana: printf(" %-9s","banana");break;
                                case pineapple: printf(" %-9s","pineapple");break;
                                case pear: printf(" %-9s","pear");break;
                                default: break;
                            }
                        }
                    }
            }
    printf("\n\n There are %d kinds of fruit plates.\n",n);
    puts(" Press any key to quit...");
    return;
}
```

2. 代码相关提示

该代码将五种水果进行拼盘摆放,并穷举摆放的各种方式。

4.9 彩色文字实例

例 4-9 彩色文字的应用运行结果如图 4.9 所示。

图 4.9 彩色文字的应用运行结果

1. 源代码

```c
#include<windows.h>
#include<winnt.h>
#include<stdio.h>
int main(int argc, char* argv[])
{
    HANDLE hConsoleWnd;
    hConsoleWnd=GetStdHandle(STD_OUTPUT_HANDLE);
    SetConsoleTextAttribute(hConsoleWnd,FOREGROUND_RED);
    printf("I am red now!\n");
    SetConsoleTextAttribute(hConsoleWnd,FOREGROUND_INTENSITY);
    printf("I am gray now!\n");
    return 0;
}
```

2. 代码相关提示

该样例使用了 Windows 库函数,将 printf 函数的输出改变颜色。

4.10 猜数游戏实例

例 4-10 简单的猜数游戏运行结果如图 4.10 所示。

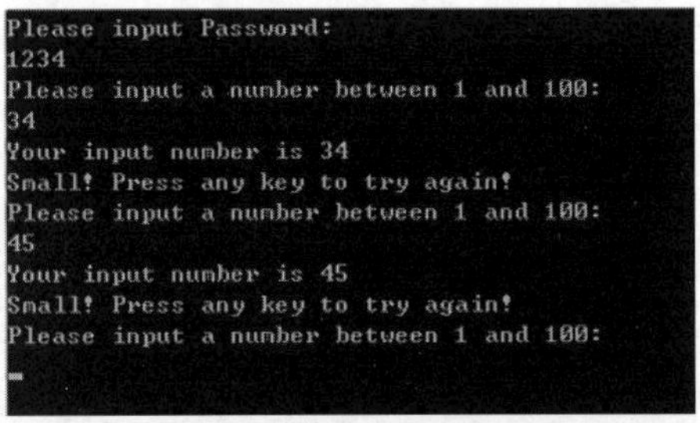

图 4.10 猜数游戏运行结果

1. 源代码

```c
#include<stdio.h>
void main()
{
    int Password=0,Number=0,price=58,i=0;
    while(Password!=1234)
    {
        if(i>=3)
            return;
        i++;
        puts("Please input Password: ");
        scanf("%d",&Password);
    }
    i=0;
    while(Number!=price)
    {
        do{
            puts("Please input a number between 1 and 100: ");
            scanf("%d",&Number);
            printf("Your input number is %d\n",Number);
        }while(!(Number>=1 && Number<=100));
        if(Number>=90)
        {
            printf("Too Bigger! Press any key to try again!\n");
        }
        else if(Number>=70 && Number<90)
        {
            printf("Bigger!\n");
        }
        else if(Number>=1 && Number<=30)
        {
            printf("Too Small! Press any key to try again!\n");
        }
        else if(Number>30 && Number<=50)
        {
            printf("Small! Press any key to try again!\n");
        }
        else
        {
            if(Number==price)
            {
                printf("OK! You are right! Bye Bye!\n");
            }
            else if(Number<price
```

```
            {
                printf("Sorry,Only a little smaller! Press any key to try again!\n");
            }
            else if(Number>price)
                printf(" Sorry, Only a little bigger! Press any key to try again!\n");
        }
    }
}
```

2. 代码相关提示

该实例首先用循环结构进行密码验证,之后利用 if 语句进行数值判断。

4.11 扑克牌结构实例

例 4-11 扑克牌结构运行结果如图 4.11 所示。

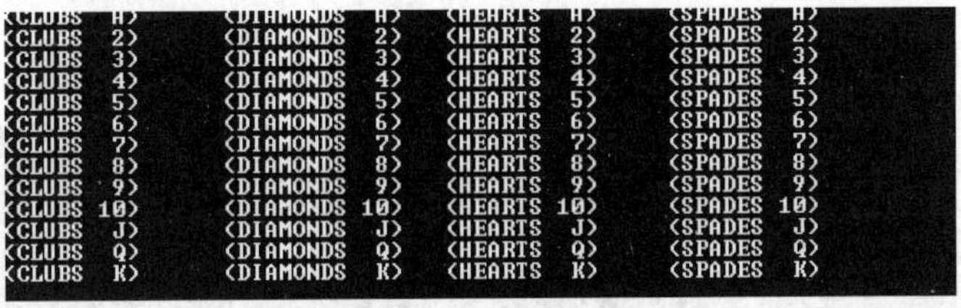

图 4.11 扑克牌结构运行结果

1. 源代码

```
enum suits{CLUBS,DIAMONDS,HEARTS,SPADES};
struct card
{
    enum suits suit;
    char value[3];
};
struct card deck[52];
char cardval[][3]={"A","2","3","4","5","6","7","8","9","10","J","Q","K"};
char suitsname[][9]={"CLUBS","DIAMONDS","HEARTS","SPADES"};

main()
{
    int i,j;
    enum suits s;
    clrscr();
    for(i=0;i<=12;i++)
        for(s=CLUBS;s<=SPADES;s++)
```

```
        {
            j=i*4+s;
            deck[j].suit=s;
            strcpy(deck[j].value,cardval[i]);
        }
    for(j=0;j<52;j++)
    printf("(%s%3s) %c",suitsname[deck[j].suit],deck[j].value,j%4==3? '\n':'\t');
    puts("\nPress any key to quit...");
    getch();
}
```

2. 代码相关提示

利用枚举型变量 enum suits 定义扑克牌花色，利用结构体类型进行 struct card 扑克牌的定义。

4.12 扑克随机发牌

例 4-12 随机发牌实例运行结果如图 4.12 所示。

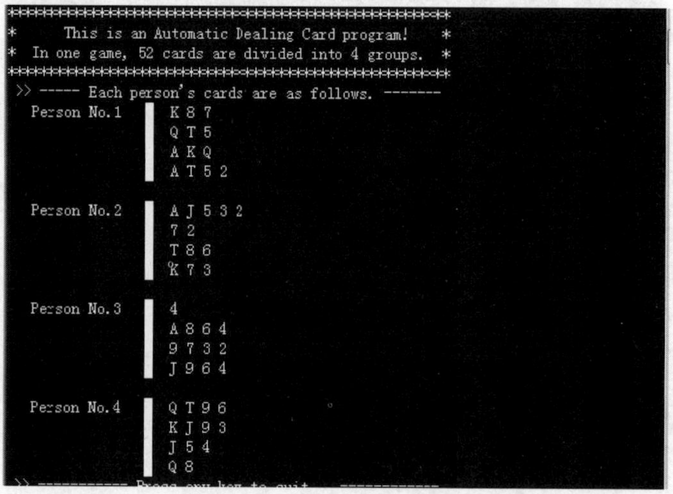

图 4.12 随机发牌实例运行结果

1. 源代码

```
#include<stdlib.h>
#include<stdio.h>
#include<conio.h>
int comp(const void * j,const void * i);
void p(int p,int b[],char n[]);
void main()
{
```

```c
    static char n[]={'2','3','4','5','6','7','8','9','T','J','Q','K','A'};
    int a[53],b1[13],b2[13],b3[13],b4[13];
    int b11=0,b22=0,b33=0,b44=0,t=1,m,flag,i;
    system("cls");
    puts("*************************************************************");
    puts("*        This is an Automatic Dealing Card program!        *");
    puts("*     In one game, 52 cards are divided into 4 groups.     *");
    puts("*************************************************************");
    printf(">>-----Each person's cards are as follows. -------");
    while(t<=52)                              /*控制发52张牌*/
    {   m=rand()%52;                          /*产生0到51之间的随机数*/
        for(flag=1,i=1;i<=t&&flag;i++)        /*查找新产生的随机数是否已经存在*/
           if(m==a[i]) flag=0;                /*flag=1:产生的是新的随机数*/
                                              /*flag=0:新产生的随机数已经存在*/
           if(flag)
           {
              a[t++]=m;                       /*如果产生了新的随机数,则存入数组*/
              if(t%4==0) b1[b11++]=a[t-1];    /*根据t的模值,判断当前*/
              else if(t%4==1) b2[b22++]=a[t-1];  /*的牌应存入哪个数组中*/
              else if(t%4==2) b3[b33++]=a[t-1];
              else if(t%4==3) b4[b44++]=a[t-1];
           }
    }
    qsort(b1,13,sizeof(int),comp);            /*将每个人的牌进行排序*/
    qsort(b2,13,sizeof(int),comp);
    qsort(b3,13,sizeof(int),comp);
    qsort(b4,13,sizeof(int),comp);
    p(1,b1,n); p(2,b2,n); p(3,b3,n); p(4,b4,n);  /*分别打印每个人的牌*/
    printf(">>-----------Press any key to quit... ------------");
    getch();
}
void p(int p,int b[],char n[])
{
    int i;
    printf("\n   Person No.%d   \006 ",p);    /*打印黑桃标记*/
    for(i=0;i<13;i++)                         /*将数组中的值转换为相应的花色*/
       if(b[i]/13==0) printf(" %c",n[b[i]%13]);  /*该花色对应的牌*/
    printf("\n                  \003 ");      /*打印红桃标记*/
    for(i=0;i<13;i++)
       if((b[i]/13)==1) printf(" %c",n[b[i]%13]);
    printf("\n                  \004 ");      /*打印方块标记*/
    for(i=0;i<13;i++)
       if(b[i]/13==2) printf(" %c",n[b[i]%13]);
    printf("\n                  \005 ");      /*打印梅花标记*/
    for(i=0;i<13;i++)
```

```c
            if(b[i]/13==3||b[i]/13==4) printf(" %c",n[b[i]%13]);
    printf("\n");
}
int comp(const void * j,const void * i)            /* qsort 调用的排序函数 */
{
    return(*(int*)i-*(int*)j);
}
```

2. 代码相关提示

这是一个为四个选手随机发牌的实例,qsort(b1,13,sizeof(int),comp)函数的功能是将每个人的牌进行排序。

第 5 章 课程设计高级实例

本章通过五个综合实例,展示 C 程序设计的高级应用,通过练习使用函数的声明、定义与调用,要求读者掌握模块化程序设计的基本方法,能够综合利用所学知识,完成复杂的 C 程序设计。

5.1 小型数据库实例 1(通信录)

```c
#include<conio.h>
#include<stdio.h>
#include<stdlib.h>
#include<string.h>
#define MAX 3
#define LEN sizeof(struct friend)
struct friend
{   int num;                              /*编号*/
    char name[8];                         /*姓名*/
    char telephone[13];                   /*电话*/
    char email[20];                       /*E-mail 地址*/
    char oicq[12];                        /*oicq*/
    char address[30];                     /*住址*/
}friends[MAX];
void menu();                              /*功能:主菜单选择函数*/
void addfriend();                         /*功能:添加好友信息*/
void showall();                           /*功能:浏览并显示通信录所有好友信息*/
void delfriend();                         /*功能:根据姓名删除好友信息*/
void editfriend();                        /*功能:根据姓名修改好友信息*/
void menu_search();                       /*功能:查找菜单*/
void searchbyname();                      /*功能:按姓名查找好友信息*/
void searchbytel();                       /*功能:按电话号码查找好友信息*/
int jiemi(char * filename,char * psw);    /*功能:解密文件*/
void check(char filename[20]);            /*检测文件是否需要解密*/
void jiami(char filename[20]);            /*功能:加密文件*/
void fun_quit();                          /*功能:检测退出时是否需要加密文件函数*/
void main()                               /*主函数*/
```

```c
    {   system("cls");                          /* 清屏 */
        check("tongxl");                        /* 调用检测文件是否需要解密函数 */
        menu();                                 /* 调用主菜单 */
    }
    void menu()                                 /* 功能：主菜单选择函数 */
    {   char * menu[]={"#^#^#^#^#^#^#^#^通信录#^#^#^#^#^#^#^#^#",
                       "     a.添加好友信息",
                       "     b.删除好友信息",
                       "     c.修改好友信息",
                       "     d.查询好友信息",
                       "     e.显示所有好友信息",
                       "     f.退出",
                       "#^#^#^#^#^#^#^#^#^#^#^#^#^#^#^#^#^#"," "};
                                                /* 定义菜单指针数组 */
        int i;
        char sel;
        int quit=0;
        do
        {   system("cls");                      /* 清屏 */
            for(i=0;i<9;i++)                    /* 输出显示菜单 */
            printf("\n%s",menu[i]);
            printf("\n请输入 a,b,c,d,e 或 f: \n");
            sel=getchar();
            switch(sel)
            {   case 'a': addfriend();break;
                case 'b': delfriend();break;
                case 'c': editfriend();break;
                case 'd': menu_search();break;
                case 'e': showall();break;
                case 'f': quit=1;fun_quit();
            }
        }while(!quit);
    }
    void addfriend()                            /* 功能：添加好友信息 */
    {   int total=0;                            /* 用于存放已有好友人数 */
        int x;
        FILE * fp;
        int i=0;
        struct friend * p_friend=friends;       /* 定义一指针 p_friend 指向数组 friends */
        struct friend friend_add;
        if((fp=fopen("tongxl","rb"))==NULL)     /* 打开文件 */
        {   printf("文件有错误不能打开!");
            exit(0);
        }
        while(fread(p_friend,LEN,1,fp))
```

```c
                                     /*将 fp 所指文件的数据读入指针 p_friend 所指的地址中,并统计好友人数*/
    {   p_friend++;
        total=total+1;
    }
    fclose(fp);                                      /*关闭文件*/
    if(total==MAX)
    {   printf("\n 通信录已满,无法再增加好友记录!");
        system("pause");
        menu();
    }
    else
    {   printf("\n============================");
        printf("\n 请输入好友的编号: ");
        scanf("%d",&friend_add.num);
        printf("\n 请输入好友的姓名: ");
        scanf("%s",friend_add.name);
        printf("\n 请输入好友的电话号码: ");
        scanf("%s",friend_add.telephone);
        printf("\n 请输入好友的 email 地址: ");
        scanf("%s",friend_add.email);
        printf("\n 请输入好友的 oicq 号码: ");
        scanf("%s",friend_add.oicq);
        printf("\n 请输入好友的住址: ");
        scanf("%s",friend_add.address);
        if((fp=fopen("tongxl","ab+"))==NULL)
        {   printf("文件有错误不能打开!");
            exit(0);
        }
        fseek(fp,LEN,SEEK_END);                      /*将文件指针移动到文件末尾*/
        fwrite(&friend_add,LEN,1,fp);                /*将添加的数据写入到 fp 所指的文件中*/
        fclose(fp);
        total=total+1;                               /*好友人数加 1*/
        printf("\n 增加好友记录成功!\n");
        printf("\n 是否增加好友记录?继续请按 1,否则,请按 0 返回主菜单");
        scanf("%d",&x);
        while(x!=0&&x!=1)
        {   printf("\n 提示:您的输入有误,请重新输入 0 或 1!");
            scanf("%d",&x);
        }
        if(x==0) menu ();
        else    addfriend();
    }
}
void showall()                                       /*功能:浏览并显示通信录所有好友信息*/
{   struct friend friend;
```

```c
    FILE *fp;
    int len;
    if((fp=fopen("tongxl","rb"))==NULL)     /*打开文件*/
    {   printf("文件有错误不能打开!");
        exit(0);
    }
    fseek(fp,0,SEEK_END);                   /*将指针fp指向文件的末尾*/
    len=ftell(fp);    /*len值为0表示文件空,无须解密,否则需要密码后进入通信录系统*/
    if(len==0)
    {   printf("\n通信录为空,没有信息可显示!");
        printf("\n按任意键返回主菜单\n");
        getch();
        menu();
    }
    rewind(fp);                             /*将fp指向文件头*/
    printf("\n编号 姓名   电话   email  iocq   住址 \n");
    while(fread(&friend,LEN,1,fp))
    printf("\n%3d%5s%10s%10s%10s%10s",friend.num,friend.name,friend.telephone,
            friend.email,friend.oicq,friend.address);
    fclose(fp);                             /*关闭文件*/
    system("pause");
}
void delfriend()                            /*功能:按姓名删除好友*/
{   struct friend *p_friend=friends;
    struct friend kong={0,""};
    FILE *fp;
    int total=0;
    int i;
    int flag=0;        /*标记通信录中是否存在要删除的好友,0表示不存在,1表示存在*/
    char name_del[8];                       /*要删除的好友的姓名*/
    if((fp=fopen("tongxl","rb"))==NULL)
    {   printf("文件有错误不能打开!");
        exit(0);
    }
    while(fread(p_friend,LEN,1,fp))
    {   p_friend++;
        total++;
    }
    fclose(fp);
    p_friend=friends;
    printf("\n请输入要删除的好友的姓名:");
    scanf("%s",name_del);
    for(i=0;i<total;i++)
    {   if(strcmp(p_friend->name,name_del)==0)
        {   p_friend[i]=friends[total-1];
```

```
            friends[total-1]=kong;
            flag=1;
            total=total-1;
            break;
        }
        else p_friend++;
    }
    if(flag==0)
    {   printf("\n 通信录中不存在该姓名的好友!\n");
        system("pause");
        return;
    }
    if(flag==1)
    {   if((fp=fopen("tongxl","wb+"))==NULL)
        {   printf("文件有错误不能打开!");
            exit(0);
        }
        p_friend=friends;
        for(i=0;i<total;i++)
        {   fwrite(p_friend,LEN,1,fp);
            p_friend=p_friend+1;
        }
        fclose(fp);
        printf("\n 成功删除该好友信息!\n");
        system("pause");
        menu();
    }
}
void editfriend()                          /*功能：修改好友信息*/
{   struct friend *p_friend=friends;
    truct friend friend_edit;              /*记录修改后的信息*/
    FILE *fp;
    int total=0;
    int i;
    int locate;                            /*用于标记要修改信息的好友在文件中的位置*/
    int flag=0;       /*标记通信录中是否存在要修改信息的好友,0表示不存在,1表示存在*/
    char name_edit[8];                     /*要修改信息的好友的姓名*/
    if((fp=fopen("tongxl","rb+"))==NULL)   /*以 r+方式打开,从而对文件进行修改*/
    {   printf("文件有错误不能打开!");
        exit(0);
    }
    while(fread(p_friend,LEN,1,fp))
    {   p_friend++;
        total++;
    }
```

```c
        p_friend=friends;              /*将指针p_friend重新定位到数组friends的首地址处*/
        printf("\n请输入要修改信息的好友的姓名：");
        scanf("%s",name_edit);
        for(i=0;i<total;i++)
        {   if(strcmp(p_friend->name,name_edit)==0)
            {   locate=i;                     /*标记要修改信息的好友的位置*/
                flag=1;
                break;
            }
            else  p_friend++;
        }
        if(flag==0)
        {   printf("\n通信录中不存在该姓名的好友!\n");
            system("pause");
            menu();
        }
        if(flag==1)
        {   printf("\n==============================");
            printf("\n请输入好友的编号(原编号为%d)：",p_friend->num);
            scanf("%d",&friend_edit.num);
            printf("\n请输入好友的姓名(原姓名为%s)：",p_friend->name);
            scanf("%s",friend_edit.name);
            printf("\n请输入好友的电话号码(原电话号码为%s)：",p_friend->telephone);
            scanf("%s",friend_edit.telephone);
            printf("\n请输入好友的email地址(原email地址为%s)：",p_friend->email);
            scanf("%s",friend_edit.email);
            printf("\n请输入好友的oicq号码(原oicq号码为%s)：",p_friend->oicq);
            scanf("%s",friend_edit.oicq);
            printf("\n请输入好友的住址(原住址为%s)：",p_friend->address);
            scanf("%s",friend_edit.address);
            fseek(fp,locate*LEN,SEEK_SET);    /*将文件指针定位到文件中原信息的位置*/
            fwrite(&friend_edit,LEN,1,fp);
            fclose(fp);
            printf("\n成功修改该好友信息!!\n");
            system("pause");
            menu();
        }
    }
    void menu_search()                         /*功能：查询菜单*/
    {   int sel;
        system("cls");
        {   char *menu_search[]={"#^#^#^#^#^#^#^#^#^#^#^#^#^#^#^#^#^#^#",
            "    1.按姓名查找",
            "    2.按电话号码查找",
            "#^#^#^#^#^#^#^#^#^#^#^#^#^#^#^#^#^#^#",
```

```c
        " "
    };
    int i;
    for(i=0;i<5;i++)
    printf("\n%s",menu_search[i]);
    printf("\n 请输入 1 或 2: \n");
    scanf("%d",&sel);
    while(sel<1||sel>2)
    {   printf("输入有误,请重新输入!\n");
        printf("\n 请输入 1 或 2: \n");
        scanf("%d",&sel);
    }
    switch(sel)
    {   case 1: searchbyname();break;
        case 2: searchbytel();break;
    }
}
void searchbyname()                        /*功能:按姓名查找好友信息*/
{   struct friend friend_search;           /*记录查询到的信息*/
    FILE *fp;
    int flag=0;         /*标记通信录中是否存在要查询的好友,0 表示不存在,1 表示存在*/
    char name_search[8];                   /*要查询的好友的姓名*/
    if((fp=fopen("tongxl","rb"))==NULL)    /*以只读方式打开的文件*/
    {   printf("文件有错误不能打开!");
        exit(0);
    }
    printf("\n 请输入要修改查找的好友的姓名:");
    scanf("%s",name_search);
    while(fread(&friend_search,LEN,1,fp))
    if(strcmp(friend_search.name,name_search)==0)
    {   flag=1;
        break;
    }
    fclose(fp);
    if(flag==0)
    {   printf("\n 通信录中不存在名字为%s 的好友!\n",name_search);
        system("pause");
        menu();
    }
    if(flag==1)
    {   printf("\n============================");
        printf("\n 查找成功!\n");
        printf("姓名为%s 的好友的个人信息如下:\n",name_search);
        printf("\n 编号:%d",friend_search.num);
        printf("\n 电话号码:%s",friend_search.telephone);
```

```c
            printf("\nemail: %s",friend_search.email);
            printf("\noicq: %s",friend_search.oicq);
            printf("\n 住址: %s\n",friend_search.address);
            system("pause");
            menu();
        }
    }
    void searchbytel()                          /*功能:按电话号码查找好友信息*/
    {   struct friend friend_search;            /*记录查询到的信息*/
        FILE *fp;
        int flag=0;             /*标记通信录中是否存在要查询的好友,0 表示不存在,1 表示存在*/
        char tel_search[13];                    /*要查询信息的好友的电话号码*/
        if((fp=fopen("tongxl","rb"))==NULL)  /*以只读方式打开的文件*/
        {   printf("文件有错误不能打开!");
            exit(0);
        }
        printf("\n 请输入要修改查找的电话号码: ");
        scanf("%s",tel_search);
        while(fread(&friend_search,LEN,1,fp))
        if(strcmp(friend_search.telephone,tel_search)==0)
        {   flag=1;
            break;
        }
        fclose(fp);
        if(flag==0)
        {   printf("\n 通信录中不存在电话号码为%s 的好友!\n",tel_search);
            system("pause");
            menu();
        }
        if(flag==1)
        {   printf("\n==============================");
            printf("\n 查找成功!\n");
            printf("电话号码为%s 的好友的个人信息如下: \n",tel_search);
            printf("\n 编号: %d",friend_search.num);
            printf("\n 姓名: %s",friend_search.name);
            printf("\nemail: %s",friend_search.email);
            printf("\noicq: %s",friend_search.oicq);
            printf("\n 住址: %s\n",friend_search.address);
            system("pause");
            menu();
        }
    }
    void fun_quit()
    {   FILE *fp;
        int len;
```

```c
    if((fp=fopen("tongxl","rb"))==NULL)    /*打开文件*/
    {   printf("文件有错误不能打开!");
        exit(0);
    }
    fseek(fp,0,SEEK_END);                  /*将指针fp指向文件的末尾*/
    len=ftell(fp);      /*值为0表示文件为空,无需解密,否则需要解密后进入通信录系统*/
    if(len==0)
    {   printf("\n文件为空,无需加密!\n按任意键退出系统……");
        exit(1);
    }
    else
    {   jiami("tongxl");
        exit(1);
    }
}
void check(char filename[20])              /*检测文件是否需要解密*/
{   FILE * fp, * fp_psw;
    int len,i=0,j=0;
    int k=0;
    char ch;
    char psw[9],pswold[9];
    if((fp=fopen(filename,"rb"))==NULL)    /*以只读方式打开的文件*/
    {   printf("文件有错误不能打开!");
        exit(0);
    }
    fseek(fp,0,SEEK_END);                  /*将指针fp指向文件的末尾*/
    len=ftell(fp);      /*0表示文件为空,无需解密,否则需要机密后进入通信录系统*/
    if(len>0)
    {
    if((fp_psw=fopen("password","rb"))==NULL)    /*以只读方式打开密码文件*/
    {   printf("密码文件有错误不能打开!");
        exit(0);
    }
    ch=fgetc(fp_psw);
    while(!feof(fp_psw))          /*从密码文件中读出原来原加密文件密码到pswold中*/
    {   pswold[i++]=ch;
        ch=fgetc(fp_psw);
    }
    pswold[i]='\0';
    printf("\n文件已加密,需解密!\n请输入密码: ");
    scanf("%s",psw);
    if(strcmp(psw,pswold)==0)
    {   k=jiemi("tongxl",psw);                   /*调用解密函数*/
        if(k==1)
            printf("\n文件解密完成!\n按任意键进入通信录系统!\n");
```

```c
            else
               { printf("\n 文件解密没有完成!\n 按任意键退出通信录系统!\n");
                  getch();
                  exit(0);
               }
            }
            else
            { printf("\n 密码错误,无法继续操作,即将退出系统...\n");
               system("pause");
               exit(0);
            }
    }
    else
    printf("\n 原文件为空,无须解密!\n");
    printf("\n 按任意键进入通信录!\n");
    getch();
    /*进入菜单调用*/
}
int jiemi(char * filename,char * psw)         /*功能:解密函数*/
{ FILE * fp1, * fp2;
    int len=0;
    int j=0;
    char ch;
    if((fp1=fopen(filename,"rb"))==NULL) /*以只读方式打开的文件*/
    { printf("文件有错误不能打开!");
        return 0;
    }
    if((fp2=fopen("new","wb"))==NULL)
    { printf("文件有错误不能打开!");
        return 0;
    }
    ch=getc(fp1);
    while(!feof(fp1))                    /*将 fp1 中数据与密码异或后写入 fp2 文件中*/
    { fputc(ch^psw[j>=len? j=0: j++],fp2);
        ch=getc(fp1);
    }
    fcloseall();                         /*关闭已打开的所有文件*/
    remove(filename);                    /*删除加密前的文件*/
    rename("new",filename);              /*将文件"new"重命名为解密前的文件名*/
    return 1;
}
void jiami(char * filename)              /*功能:加密函数*/
{ char new_psw[9],ch;
    FILE * fp_psw, * fp;
    int i=0,j;
```

```c
    if((fp_psw=fopen("password","wb+"))==NULL)    /* wb+方式打开,原内容将被清除 */
    { printf("密码文件有错误不能打开!");
      exit(0);
    }
    printf("\n退出文件前需要对文件加密!\n");
    printf("\n请设置加密文件的密码(提示:密码长度不可超过 8 位): \n");
    scanf("%s",new_psw);
    fputs(new_psw,fp_psw);
    fclose(fp_psw);
    i=jiemi(filename,new_psw);
    if(i==1)
        printf("\n文件加密完成\n");
    else
    { printf("\n文件加密未完成,按任意键退出通信录!\n");
      getch();
      exit(0);
    }
}
```

5.2 小型数据库实例 2(学生成绩管理系统(链表))

```c
#include<stdio.h>
#include<stdlib.h>
#include<string.h>
int shouldsave=0;       /*定义一个全局变量,用以标记链表中的数据是否应该保存到文件中,值
                          为 0 表示不需要保存,值为 1 表示需要保存*/
struct student                    /*定义结构体类型*/
{ char num[10];                   /*学号*/
  char name[20];                  /*姓名*/
  char sex[4];                    /*性别*/
  int cgrade;                     /*C语言成绩*/
  int mgrade;                     /*数学成绩*/
  int egrade;                     /*英语成绩*/
  int totle;                      /*总分*/
  int ave;                        /*平均分*/
};
typedef struct node               /*定义链表*/
{ struct student data;
  struct node *next;
}Node,*Link;
void menu()                       /*主菜单显示函数*/
{ system("cls");
  printf("\n\n        学生成绩管理系统\n");
  printf("***************************************************\n");
```

```c
        printf("* \t1 登记学生资料\t\t\t\t2 删除学生资料\t\t * \n");
        printf("* \t3 查询学生资料\t\t\t\t4 修改学生资料\t\t * \n");
        printf("* \t5 保存学生资料\t\t\t\t6 统计最高分数\t\t * \n");
        printf("* \t7 显示输入资料\t\t\t\t0 退出系统     \t\t * \n");
        printf("***********************************************************\n");
}
void printstart()                    /*输出分割线函数*/
{   printf("-----------------------------------------\n");
}
void Wrong()                         /*输出错误提示函数*/
{   printf("\n=====>提示：输入错误!\n");
}
void Nofind()                        /*输出提示"没有找到该学生"函数*/
{   printf("\n=====>提示：没有找到该学生!\n");
}
void printc()                        /*输出学生基本信息标题提示函数*/
{   printf(" 学号 姓名 性别 C 语言成绩 数学成绩 英语成绩 总分 平均分 \n");
}
void printe(Node * p)                /*输出指针所指结点信息函数*/
{   printf("%-4s%-8s%-5s%-9d%-10d%-10d%-6d%-5d\n",p->data.num,p->data.name,
    p->data.sex,p->data.egrade,p->data.mgrade,p->data.cgrade,p->data.totle,
    p->data.ave);
}
Node *  Locate(Link l,char findmess[],char nameornum[])
/*功能：根据输入的姓名或学号来查询并定位链表中是否存在要查询的学生*/
{   Node * r;
    if(strcmp(nameornum,"num")==0)
      {   r=l->next;
          while(r!=NULL)
          {   if(strcmp(r->data.num,findmess)==0)
              return r;
              r=r->next;
          }
      }
    else
      if(strcmp(nameornum,"name")==0)
      {   r=l->next;
          while(r!=NULL)
          {   if(strcmp(r->data.name,findmess)==0)    return r;
              r=r->next;
          }
      }
    return 0;
}
void Add(Link l)                     /*功能：登记学生资料*/
```

```
{  Node *p,*r,*s;
   char num[10];
   r=l;
   s=l->next;
   while(r->next!=NULL)
   r=r->next;
   while(1)
   {  printf("请你输入学号(以'0'返回上一级菜单:)");
      scanf("%s",num);
      if(strcmp(num,"0")==0)        /*输入学号为'0'则退出追加函数,返回主菜单*/
      break;
      while(s)
      {   if(strcmp(s->data.num,num)==0)        /*解决学号重复问题*/
             {  printf("提示:学号为'%s'的学生存在,修改请选'4 修改'!\n",num);
                printstart();
                printc( );
                printe( s);
                printstart( );
                printf("\n");
                system("pause");    /*提示"请按任意键继续……"*/
                return;
             }
          s=s->next;
      }
      p=(Node *)malloc(sizeof(Node));
      strcpy(p->data.num, num);
      printf("请你输入姓名:");
      scanf("%s",p->data. name);
      printf("请你输入性别:");
      scanf("%s",p->data.sex);
      printf("请你输入 c 语言成绩(0~100):");
      scanf("%d",&p->data.cgrade);
      while(p->data.cgrade<0||p->data.cgrade>100)
      {   printf("\n 输入有误!*注意输入的数据范围是 0~100*!请输入 C 语言成绩:");
          scanf("%d",&p->data.cgrade);
      }
      printf("请你输入数学成绩:");
      scanf("%d",&p->data.mgrade);
      while(p->data.mgrade<0||p->data.mgrade>100)
      {   printf("\n 输入有误!*注意输入的数据范围是 0~100*!请输入数学成绩:");
          scanf("%d",&p->data.mgrade);
      }
      printf("请你输入英语成绩:");
      scanf("%d",&p->data.egrade);
      while(p->data.egrade<0||p->data.egrade>100)
```

```c
        {   printf("\n 输入有误!**注意输入的数据范围是 0~100**!请输入英语成绩：");
            scanf("%d",&p->data.egrade);
        }
        p->data.totle=p->data.egrade+p->data.cgrade+p->data.mgrade;
        p->data.ave=p->data.totle / 3;
        p->next=NULL;
        r->next=p;
        r=p;
        shouldsave=1;
    }
    printf("\n 登记记录完成!\n");
    system("pause");                        /* 提示"请按任意键继续……" */
}
void Qur(Link l)                            /* 功能：查询学生信息 */
{   int sel;
    char findmess[20];
    Node * p;
    if(!l->next)                            /* 如果链表为空,则给出提示信息并返回 */
    {   printf("\n=====>提示：没有资料可以查询!\n");
        system("pause");                    /* 提示"请按任意键继续……" */
        return;
    }
    printf("\n 请选择查询方式：\n");
    printf("\n=====>1 按学号查找 \n");
    printf("\n=====>2 按姓名查找 \n");
    scanf("%d",&sel);
    if(sel==1)
    {   printf("请你输入要查找的学号：");
        scanf("%s",findmess);
        p=Locate(l,findmess,"num");         /* 调用查找定位函数,按学号完成查找并定位 */
        if(p)                               /* 如果找到,则显示该学生资料 */
        {   printf("\t\t\t\t 查找结果\n");
            printstart();
            printc();
            printe(p);
            printstart();
        }
        else                                /* 如果没有找到,则显示提示信息 */
            Nofind();
    }
    else if(sel==2)
        {   printf("请你输入要查找的姓名：");
            scanf("%s",findmess);
            p=Locate(l,findmess,"name");    /* 调用查找定位函数,按姓名查找并定位 */
            if(p)                           /* 如果找到,则显示该学生资料 */
```

```c
            {   printf("\t\t\t\t查找结果\n");
                printstart();
                printc();
                printe(p);
                printstart();
            }
            else                              /* 如果没有找到,则显示提示信息 */
                Nofind();                     /* 调用函数 Nofind() */
        }
        else         /* 如果输入的数据不是1或2,则提示输入错误信息 */
    Wrong();                                  /* 调用函数 Wrong() */
    system("pause");                          /* 提示"请按任意键继续……" */
}
void Del(Link l)                              /* 功能：删除学生资料 */
{   int sel;
    Node * p, * r;
    char findmess[20];
    if(!l->next)                              /* 如果链表为空,则给出提示信息并返回 */
    {   printf("\n=====>提示：没有资料可以删除!\n");
        system("pause");                      /* 提示"请按任意键继续……" */
        return;
    }
    printf("\n请选择删除方式：\n");
    printf("\n=====>1 按学号删除\n");
    printf("\n=====>2 按姓名删除\n");
    scanf("%d",&sel);
    if(sel==1)
    {   printf("请你输入要删除的学号: ");
        scanf("%s",findmess);
        p=Locate(l,findmess,"num");           /* 调用查找定位函数,按学号完成查找并定位 */
        if(p)                                 /* 如果找到,则删除该学生资料 */
        {   r=l;
            while(r->next!=p)
            r=r->next;
            r->next=p->next;
            free(p);                          /* 释放 p 结点 */
            printf("\n=====>提示：该学生已经成功删除!\n");
            shouldsave=1;
        }
        else                                  /* 如果没有找到,则显示提示信息 */
            Nofind();
    }
    else if(sel==2)
        {   printf("请你输入要删除的姓名: ");
            scanf("%s",findmess);
```

```c
            p=Locate(l,findmess,"name");  /*调用函数,按姓名完成查找并定位*/
          if(p)
          {   r=l;
              while(r->next!=p)
              r=r->next;
              r->next=p->next;
              free(p);                    /*释放p结点*/
              printf("\n=====>提示:该学生已经成功删除!\n");
              shouldsave=1;
          }
          else                            /*如果没有找到,则显示提示信息*/
          Nofind();
        }
        else       /*如果输入的数据不是1或2,则提示输入错误信息*/
     Wrong();
     system("pause");                     /*提示"请按任意键继续……"*/
}
void Modify(Link l)                       /*功能:修改学生资料*/
{   Node *p;
    char findmess[20];
    if(!l->next)                          /*如果链表为空,则给出提示信息并返回*/
    {   printf("\n=====>提示:没有资料可以修改!\n");
        system("pause");                  /*提示"请按任意键继续……"*/
        return;
    }
    printf("请你输入要修改的学生学号: ");
    scanf("%s",findmess);
    p=Locate(l,findmess,"num");           /*按学号查找并定位*/
    if(p)                                 /*如果存在该学号的学生,则进行修改处理*/
      {   printf("请你输入新学号(原来是%s): ",p->data.num);
          scanf("%s",p->data.num);
          printf("请你输入新姓名(原来是%s): ",p->data.name);
          scanf("%s",p->data.name);
          getchar();
          printf("请你输入新性别(原来是%s): ",p->data.sex);
          scanf("%s",p->data.sex);
          printf("请你输入新的c语言成绩(原来是%d分): ",p->data.cgrade);
          scanf("%d",&p->data.cgrade);
          getchar();
          printf("请你输入新的数学成绩(原来是%d分): ",p->data.mgrade);
          scanf("%d",&p->data.mgrade);
          getchar();
          printf("请你输入新的英语成绩(原来是%d分): ",p->data.egrade);
          scanf("%d",&p->data.egrade);
          p->data.totle=p->data.egrade+p->data.cgrade+p->data.mgrade;
```

```
            p->data.ave=p->data.totle/3;
            printf("\n=====>提示：资料修改成功!\n");
            shouldsave=1;
         }
      Else                          /*如果不存在该学号的学生,则输出提示信息*/
         Nofind();
         system("pause");           /*提示"请按任意键继续……"*/
}
void Disp(Link l)                   /*功能：显示输入资料*/
{   int count=0;
    Node * p;
    p=l->next;
    if(!p)                          /*如果链表为空,则给出提示信息并返回*/
    {   printf("\n=====>提示：没有资料可以显示!\n");
        system("pause");            /*提示"请按任意键继续……"*/
        return;
    }
    printf("\t\t\t\t 显示结果\n");
    printstart();
    printc();
    printf("\n");
    while(p)
    {   printe(p);
        p=p->next;
    }
    printstart();
    printf("\n");
    system("pause");                /*提示"请按任意键继续……"*/
}
void Tongji(Link l)                 /*功能：统计最高分数*/
{   Node * pm, * pe, * pc, * pt, * pa;
                                    /*变量分别存储各课程,平均分及总分最高的结点信息*/
    Node * r=l->next;
    if(!r)                          /*如果链表为空,则给出提示信息并返回*/
    {   printf("\n=====>提示：没有资料可以统计!\n");
        system("pause");            /*提示"请按任意键继续……"*/
        return;
    }
    pm=pe=pc=pt=pa=r;               /*初始化各指针变量,使之指向链表的首结点*/
    while(r!=NULL)                  /*搜索整个链表,通过比较完成统计最高分工作*/
    {   if(r->data.cgrade>=pc->data.cgrade)
            pc=r;
        if(r->data.mgrade>=pm->data.mgrade)
            pm=r;
        if(r->data.egrade>=pe->data.egrade)
```

```c
            pe=r;
            if(r->data.totle>=pt->data.totle)
            pt=r;
            if(r->data.ave>=pa->data.ave)
            pa=r;
            r=r->next;
        }
        printf("---------------------统计结果----------------------\n");
        printf("总分最高者: \t%s %d 分\n",pt->data.name,pt->data.totle);
        printf("平均分最高者: \t%s %d 分\n",pa->data.name,pa->data.ave);
        printf("英语最高者: \t%s %d 分\n",pe->data.name,pe->data.egrade);
        printf("数学最高者: \t%s %d 分\n",pm->data.name,pm->data.mgrade);
        printf("c语言最高者: \t%s %d 分\n",pc->data.name,pc->data.cgrade);
        printstart();
        system("pause");                    /*提示"请按任意键继续……"*/
}
void Save(Link l)                           /*功能：保存链表到文件中*/
{   FILE * fp;                              /*定义文件类型的指针*/
    Node * p;                               /*定义记录指针变量*/
    int flag=1,count=0;
    fp=fopen("C:\\student","wb");           /*以写方式打开一个二进制文件*/
    if(fp==NULL)                            /*如果不能打开,则给出提示并结束程序*/
    {   printf("\n=====>提示：重新打开文件时发生错误!\n");
        system("pause");                    /*提示"请按任意键继续……"*/
        exit(1);
    }
    p=l->next;                              /*将链表中的所有记录写入到文件中*/
    while(p)
    {
        if(fwrite(p,sizeof(Node),1,fp)==1)
        {   p=p->next;
            count++;
        }
        else
        {   flag=0;
            break;
        }
    }
    if(flag)
    {   printf("\n=====>提示：文件保存成功.(有%d 条记录已经保存.)\n",count);
        shouldsave=0;
    }
    fclose(fp);
    system("pause");                        /*提示"请按任意键继续……"*/
}
```

```c
void main()                                 /*主函数*/
{   Link l;
    FILE * fp;                              /*定义文件类型的指针*/
    int sel;
    char ch;
    int count=0;                            /*统计现有学生人数的变量*/
    Node * p, * r=NULL;                     /*定义记录指针变量*/
    system("cls");                          /*清屏函数*/
    fp=fopen("C:\\student","rb");           /*以只读方式打开一个二进制文件*/
    if(fp==NULL)
    {   printf("文件错误,不能打开!");       /*如果不能打开,则结束程序*/
        exit(1);
    }
    l=(Node * )malloc(sizeof(Node));        /*申请空间*/
    if(!l)                                  /*如果没有申请到,则内存溢出*/
    {   printf("\n 内存溢出!\n");
        exit(0);                            /*结束程序*/
    }
    l->next=NULL;
    r=l;
    /*如果文件打开,则从文件中导入数据到链表*/
    printf("\n=====>提示:文件已经打开,正在导入记录……\n");
    r=l;
    while(!feof(fp))                        /*循环读数据到链表中直到文件尾结束中*/
    {   p=(Node * )malloc(sizeof(Node));    /*为下一个结点申请空间*/
        if(!p)                              /*如果没有申请到,则内存溢出*/
        {   printf("\n 内存溢出!\n");
            exit(0);                        /*结束程序*/
        }
        if(fread(p,sizeof(Node),1,fp))
        {   p->next=NULL;
            r->next=p;
            r=p;
            count++;                        /*学生人数加 1*/
        }
    }
    r->next=NULL;
    fclose(fp);                             /*关闭文件*/
    if(count==0)
        printf("\n 文件为空!建议您本次操作选择菜单 1:登记学生记录信息开始!\n");
    else
        printf("\n=====>提示:记录导入完毕,共导入%d 条记录.\n",count);
    while(1)
    {   menu();                             /*调用菜单*/
        printf("请你选择操作: ");
```

```c
            scanf("%d",&sel);
            if(sel==0)
            {
              if(shouldsave==1)            /*该系统资料是否应该保存*/
                { getchar();
                  printf("\n:资料已经改动,是否将改动保存到文件中(y/n)?\n");
                  scanf("%c",&ch);
                  if(ch=='y'||ch=='Y')
                    Save(l);               /*保存链表数据到文件*/
                }
              printf("\n=====>提示:你已经退出系统,再见!\n");
              break;
            }
            switch(sel)
            { case 1: Add(l);break;
              case 2: Del(l);break;
              case 3: Qur(l);break;
              case 4: Modify(l);break;
              case 5: Save(l);break;
              case 6: Tongji(l);break;
              case 7: Disp(l);break;
              case 9: printf("\t\t\t==========帮助信息==========\n");break;
              default: Wrong();break;
            }
        }
    }
```

5.3 小型考试系统

```c
#include<stdio.h>
#include<stdlib.h>
#include<string.h>
#include<conio.h>
void menu();
void teachermenu();
void sub_teachermenu();
int shouldsave=0;        /*定义一个全局变量,用以标记链表中的数据是否应该保存到文件中,值
                          为0表示不需要保存,值为1表示需要保存*/
struct exam               /*定义结构体类型*/
{   int num;              /*题号*/
    char question[80];    /*问题*/
    char answer[20];      /*标准答案*/
};
typedef struct node       /*定义链表*/
```

```c
{   struct exam data;
    struct node * next;
}Node, * Link;
```

void printstart()   /* 功能：输出分割线函数 */
```c
{   printf("-------------------------------------\n");
}
```
void Wrong()   /* 功能：输出错误提示函数 */
```c
{   printf("\n=====>提示：输入错误!\n");
}
```
void Nofind()   /* 功能：输出提示"没有相应试题"函数 */
```c
{   printf("\n=====>提示：没有相应试题!\n");
}
```
void printe(Node * p)   /* 功能：输出指针所指结点信息函数 */
```c
{   printf("题号：%d\n试题信息：%s\n标准答案：%s\n",
      p->data.num,p->data.question,p->data.answer);
}
```
Node * Locatebynum(Link l,int findmess)
/* 功能：根据输入的题号来查询并定位链表中是否存在要查询的试题 */
```c
{   Node * r;
    r=l->next;
    while(r!=NULL)
    {   if(r->data.num==findmess)   return r;
        r=r->next;
    }
    return 0;
}
```
Node * Locatebyanswer(Link l, char * findmess)
/* 功能：根据输入的标准答案来查询并定位链表中是否存在要查询的试题 */
```c
{   Node * r;
    r=l->next;
    while(r!=NULL)
    {   if(strcmp(r->data.answer,findmess)==0)   return r;
        r=r->next;
    }
    return 0;
}
```
void Add(Link l)   /* 功能：录入试题 */
```c
{   int num=0;                 /* 记录试题的题号 */
    Node * p, * r, * s;
    char sel[10];
    r=l;
    s=l->next;
    while(r->next!=NULL)
    {   r=r->next;
        num=r->data.num;
```

```c
        }
    while(1)
    {   p=(Node *)malloc(sizeof(Node));
        p->data.num=++num;
        printf("请你输入试题内容: ");
        scanf("%s",p->data.question);
        printf("请你输入标准答案: ");
        scanf("%s",p->data.answer);
        p->next=NULL;
        r->next=p;
        r=p;
        shouldsave=1;
        printf("\n试题录入完成!\n");
        printf("\n是否继续录入!(输入 0 表示退出,非 0 表示继续)\n");
        scanf("%s",sel);
        if(strcmp(sel,"0")==0)   /*输入为'0'则退出函数,返回主菜单,否则继续录入试题*/
        break;
            else continue;
    }
}
void Qur(Link l)                      /*功能：查询试题信息*/
{   int sel;
    char findanswer[20];
    int findnum;
    Node * p;
    if(!l->next)                      /*如果链表为空,则给出提示信息并返回*/
    {   printf("\n=====>提示：没有资料可以查询!\n");
        system("pause");              /*提示"请按任意键继续……"*/
        return;
    }
    printf("\n请选择查询方式: \n");
    printf("\n=====>1 按题号查找\n");
    printf("\n=====>2 按标准答案查找\n");
    scanf("%d",&sel);
    if(sel==1)
    {   printf("请你输入要查找的题号: ");
        scanf("%d",&findnum);
        p=Locatebynum(l,findnum);     /*按题号查找定位函数,按题号完成查找并定位*/
        if(p)                         /*如果找到,则显示该试题信息*/
        {   printf("\t\t\t\t查找结果\n");
            printstart();
            printe(p);
            printstart();
        }
        else                          /*如果没有找到,则显示提示信息*/
```

```c
            Nofind();
        }
    else    if(sel==2)
         {   printf("请你输入要查找的标准答案：");
             scanf("%s",findanswer);
             p=Locatebyanswer(l,findanswer);
             /*按标准答案查找定位函数,按标准答案完成查找并定位*/
             if(p)                      /*如果找到,则显示该试题信息*/
                { printf("\t\t\t\t查找结果\n");
                  printstart();
                  printe(p);
                  printstart();
                }
             else                       /*如果没有找到,则显示提示信息*/
                Nofind();               /*调用函数Nofind()*/
         }
    else                                /*如果输入的数据不是1或2,则提示输入错误信息*/
        Wrong();                        /*调用函数Wrong()*/
    system("pause");                    /*提示"请按任意键继续……"*/
}
void Del(Link l)                        /*功能：删除试题*/
{   int sel;
    Node *p,*r;
    char findanswer[20];
    int findnum;
    if(!l->next)                        /*如果链表为空,则给出提示信息并返回*/
    { printf("\n=====>提示：没有资料可以删除!\n");
        system("pause");                /*提示"请按任意键继续……"*/
        return;
    }
    printf("\n请选择删除方式：\n");
    printf("\n=====>1 按题号删除\n");
    printf("\n=====>2 按标准答案删除\n");
    scanf("%d",&sel);
    if(sel==1)
    {   printf("请你输入要删除的题号：");
        scanf("%d",&findnum);
        p=Locatebynum(l,findnum);       /*按题号查找定位函数,按题号完成查找并定位*/
        if(p)                           /*如果找到,则删除该试题资料*/
        { r=l;
           while(r->next!=p)
           r=r->next;
           r->next=p->next;
           free(p);                     /*释放p结点*/
           printf("\n=====>提示：该试题信息已经成功删除!\n");
```

```c
                shouldsave=1;
            }
            else                         /*如果没有找到,则显示提示信息*/
                Nofind();
        }
        else  if(sel==2)
            {  printf("请你输入要删除的标准答案: ");
                scanf("%s",findanswer);
                p=Locatebyanswer(l,findanswer);
                /*调用按标准答案查找定位函数,完成按标准答案查找并定位*/
                if(p)
                {   r=l;
                    while(r->next!=p)
                    r=r->next;
                    r->next=p->next;
                    free(p);            /*释放p结点*/
                    printf("\n=====>提示:该试题已经成功删除!\n");
                    shouldsave=1;
                }
                else                    /*如果没有找到,则显示提示信息*/
                    Nofind();
            }
        else                            /*如果输入的数据不是1或2,则提示输入错误信息*/
            Wrong();
    system("pause");                    /*提示"请按任意键继续……"*/
}
void Modify(Link l)                    /*功能:修改试题信息*/
{   Node * p;
    int findnum;
    if(!l->next)                       /*如果链表为空,则给出提示信息并返回*/
      { printf("\n=====>提示:没有资料可以修改!\n");
        system("pause");               /*提示"请按任意键继续……"*/
        return;
      }
    printf("请你输入要修改的题号: ");
    scanf("%d",&findnum);
    p=Locatebynum(l,findnum);         /*按题号查找并定位*/
    if(p)                             /*如果存在该题号的试题信息,则进行修改处理*/
    {  printf("请你输入新试题内容(原来是%s): ",p->data.question);
       scanf("%s",p->data.question);
       getchar();
       printf("请你输入新的标准答案(原来是%s): ",p->data.answer);
       scanf("%s",p->data.answer);
       printf("\n=====>提示:试题修改成功!\n");
       shouldsave=1;
```

```
    }
    else                          /*如果不存在该题号的试题信息,则输出提示信息*/
      Nofind();
      system("pause");            /*提示"请按任意键继续……"*/
}

void Disp(Link l)                 /*功能：显示所有试题信息*/
{   int count=0;
    Node *p;
    p=l->next;
    if(!p)                        /*如果链表为空,则给出提示信息并返回*/
    {   printf("\n=====>提示：没有资料可以显示!\n");
        system("pause");          /*提示"请按任意键继续……"*/
        return;
    }
    printf("\t\t\t\t 显示结果\n");
    printstart();
    printf("\n");
    while(p)
    {   printe(p);
        p=p->next;
    }
    printstart();
    printf("\n");
    system("pause");              /*提示"请按任意键继续……"*/
}
void Save(Link l)                 /*功能：保存链表到文件中*/
{   FILE *fp;                     /*定义文件类型的指针*/
    Node *p;                      /*定义记录指针变量*/
    int flag=1,count=0;
    fp=fopen("D:\EXAM.txt","w");  /*以写方式打开一个文本文件*/
    if(fp==NULL)                  /*如果不能打开,则给出提示并结束程序*/
    {   printf("\n=====>提示：重新打开文件时发生错误!\n");
        system("pause");          /*提示"请按任意键继续……"*/
        exit(1);
    }
    p=l->next;
    /*将链表中的所有记录写入到文件中*/
    while(p)
    {   if(fwrite(p,sizeof(Node),1,fp)==1)
        {   p=p->next;
            count++;
        }
        else
        {   flag=0;
```

```c
            break;
        }
    }
    if(flag)
    {   printf("\n=====>提示:文件保存成功.(有%d条记录已经保存.)\n",count);
        shouldsave=0;
    }
    fclose(fp);
    system("pause");                    /*提示"请按任意键继续……"*/
}
void zuti()                             /*功能:生成试卷*/
{   int maxnum;                         /*记录最大题号*/
    int count=0;                        /*记录试题数目*/
    int num_st;                         /*记录试卷的题数*/
    int k,total=0,th[40],i=0,j;
    Link l;
    Node *p,*r=NULL;                    /*定义记录指针变量*/
    FILE *fp,*fp1;
    system("cls");
    fp=fopen("D:\EXAM.txt","r");        /*以只读方式打开一个文本文件*/
    if(fp==NULL)
    {   printf("文件错误,不能打开!");    /*如果不能打开,则结束程序*/
        exit(1);
    }
    if(ftell==0)
    {   fclose(fp);
        printf("\n\n题库文件为空!建议您返回上级菜单录入试题信息!\n");
        printf("\n\n请按任意键返回上级菜单\n");
        getch();
        teachermenu();
    }
    else
    {   fp1=fopen("D:\stutest.txt","w");
        /*以写方式打开一个文本文件用于存储学生试卷信息*/
        if(fp1==NULL)
        {   printf("文件错误,不能打开!");  /*如果不能打开,则结束程序*/
            exit(1);
        }
        l=(Node *)malloc(sizeof(Node));  /*申请空间*/
        if(!l)                           /*如果没有申请到,则内存溢出*/
        {   printf("\n内存溢出!\n");
            exit(0);                     /*结束程序*/
        }
        l->next=NULL;
        r=l;
```

```c
        /*如果文件打开,则从文件中导入数据到链表*/
        printf("\n=====>提示：文件已经打开,正在导入记录……\n");
        r=l;
while(!feof(fp))                        /*循环读数据到链表中直到文件尾结束中*/
{   p=(Node *)malloc(sizeof(Node));     /*为下一个结点申请空间*/
    if(!p)                              /*如果没有申请到,则内存溢出*/
      {   printf("\n 内存溢出!\n");
          exit(0);                      /*结束程序*/
      }
    if(fread(p,sizeof(Node),1,fp))
      {   maxnum=p->data.num;           /*记录最大试题号*/
          p->next=NULL;
          r->next=p;
          r=p;
          count++;                      /*试题数目加 1*/
      }
}
r->next=NULL;
fclose(fp);                             /*关闭文件*/
system("cls");
printf("\n\n=====>提示：本题库共有%d 道试题,最大题号为%d.\n",count,maxnum);
printf("\n\t 请输入试卷的题数【提示：试卷的题数应小于%d 道题】",count);
scanf("%d",&num_st);
while(num_st>count)
{   printf("\n\n 输入有误！请重新输入!");
    printf("\n\t 请输入试卷的题数【提示：试卷的题数应小于%d 道题】",count);
    scanf("%d",&num_st);
}
printf("\n=====>提示：正在生成试卷……\n");
th[i]=0;
while(total<num_st)
{   k=rand()%maxnum+1;    /*随机产生一个小于等于 maxnum 的整数*/
    /*按题号查询*/
    p=Locatebynum(l,k);
    if(p)                 /*如果找到,则将该试题写入试卷文件*/
    {   for(j=0;j<i;j++)  /*检查随机产生的题号是否重复,不重复则写入试卷文件*/
        if(k==th[j]) break;
        if(j>=i)
          {  th[i]=k;i++;
             total++;
             fwrite(&(p->data) ,sizeof(struct exam),1,fp1);  /*试题写入试卷文件*/
          }
        else continue;
    }
    else continue;
```

```c
        }
        fclose(fp1);
        for(i=0;i<total;i++)
        printf("\n%d\t",th[i]);
        printf("\n=====>提示：试卷生成完毕,请按任意键返回主菜单\n");
        getch();
        menu();
    }
}
void dati()                              /*功能：学生答题系统*/
{   FILE *fp;
    int total=0;
    struct exam p[50];
    int i=0;
    char answer_stu[20];                 /*用于记录学生答案*/
    int right=0;                         /*用于统计答对的试题的个数*/
    fp=fopen("D:\stutest.txt","r");      /*以只读方式打开学生试卷文件*/
    if(fp==NULL)
    {   printf("文件错误,不能打开!");    /*如果不能打开,则结束程序*/
        exit(1);
    }
    while(fread(&p[i],sizeof(struct exam),1,fp)!=0)
                                         /*搜索链表,统计题库中的试题数目*/
    {   printf("%d: %s\n",i+1,p[i].question);
        total++;
        i++;
    }
    fclose(fp);
    if(total==0)
    {   printf("\n\n\t\t没有试卷！请按任意键退出！\n\n");
        getch();
        exit(1);
    }
    else
    {   printf("\n=====>提示：本题库中一共有  %d  道试题\n",total);
        printstart();
        printf("\n请按任意键开始考试！\n\n\n");
        getch();
        for(i=0;i<total;i++)
        {   printf("第%d题: %s\n",i+1,p[i].question);
            printf("请回答: ");
            scanf("%s",answer_stu);
            if(strcmp(answer_stu,p[i].answer)==0)
            right++;
        }
```

```c
        printf("\n\n\t\t 本次考试结束!");
        if(right==total)
        printf("\n\n\t\t 恭喜您本次考试成绩为 100 分!");
        else
        {   i=100*(float)right/total;
            printf("\n\n\t\t 您本次考试成绩为%d 分,继续努力哦!",i);
        }
        printf("按任意键退出!\n");
        getch();
        exit(1);
    }
}
void sub_teachermenu()                          /*功能:教师操作菜单显示函数*/
{   Link l;
    FILE * fp;                                  /*定义文件类型的指针*/
    int sel;
    char ch[4];
    int count=0;                                /*统计现有试题数目的变量*/
    Node * p, * r=NULL;                         /*定义记录指针变量*/
    system("cls");                              /*清屏函数*/
    fp=fopen("D:\\EXAM.txt","r");               /*以只读方式打开一个文本文件*/
    if(fp==NULL)
    {   printf("文件错误,不能打开!");            /*如果不能打开,则结束程序*/
        exit(1);
    }
    l=(Node *)malloc(sizeof(Node));             /*申请空间*/
    if(!l)                                      /*如果没有申请到,则内存溢出*/
    {   printf("\n 内存溢出!\n");
        exit(0);                                /*结束程序*/
    }
    l->next=NULL;
    r=l;
    /*如果文件打开,则从文件中导入数据到链表*/
    printf("\n=====>提示:文件已经打开,正在导入记录……\n");
    r=l;
    while(!feof(fp))                            /*循环读数据到链表中直到文件尾结束中*/
    {   p=(Node *)malloc(sizeof(Node));         /*为下一个结点申请空间*/
        if(!p)                                  /*如果没有申请到,则内存溢出*/
        {   printf("\n 内存溢出!\n");
            exit(0);                            /*结束程序*/
        }
        if(fread(p,sizeof(Node),1,fp))
        {   p->next=NULL;
            r->next=p;
            r=p;
```

```c
                count++;                        /*试题数目加1*/
        }
    }
    r->next=NULL;
    fclose(fp);                                 /*关闭文件*/
    system("cls");
    if(count==0)
    printf("\n\n 文件为空!建议您本次操作选择菜单1:录入试题信息开始!\n");
    else
    printf("\n\n=====>提示:记录导入完毕,共导入%d 条记录.\n",count);
    while(1)
    {   printf("\n\n                        试题管理系统\n");
        printf("***********************************************************\n");
        printf(" * \t1 录入试题信息\t\t\t\t2 删除试题信息\t\t * \n");
        printf(" * \t3 查询试题信息\t\t\t\t4 修改试题信息\t\t * \n");
        printf(" * \t5 保存试题信息\t\t\t\t6 显示试题信息\t\t * \n");
        printf(" * \t0 退出系统      \t\t\t\t            \t * \n");
        printf("***********************************************************\n");
        printf("请你选择操作: ");
        scanf("%d",&sel);
        if(sel==0)
          if(shouldsave==1)                     /*该系统资料是否应该保存*/
            { printf("\n 提示:资料已经改动,是否将改动保存到文件中(y/n)? \n");
              scanf("%s",ch);
              if(strcmp(ch,"Y")==0||strcmp(ch,"y")==0)
               { Save(l);                       /*保存链表数据到文件*/
                 teachermenu();
               }
               else
               {  shouldsave=0;
                  teachermenu();
               }
            }
          else
            teachermenu();
        else
          switch(sel)
          {  case 1: Add(l);break;
             case 2: Del(l);break;
             case 3: Qur(l);break;
             case 4: Modify(l);break;
             case 5: Save(l);break;
             case 6: Disp(l);break;
             default: Wrong();break;
          }
```

```c
    }
}

void teachermenu()
{   int sel,count=1;
    char password[20]="teacher123",check[20];
    system("cls");
    printf("\n\n\t 欢迎进入教师管理系统");
    printf("\n\n\t 请输入密码：");
    scanf("%s",check);
    while(strcmp(check,password)!=0)
    {     if(count<3)
          {   printf("\n\n\t 密码输入有误!");
              printf("\n\n\t 请重新输入密码：");
              scanf("%s",check);
              count++;
          }
          else
          {   printf("\n\n\t 很遗憾！密码输入错误！您无权进入教师管理系统\n\n");
              printf("\n\n\t 按任意键返回主菜单\n\n");
              getch();
              menu();
          }
    }
    system("cls");
    while(1)
    {   printf("***********教师管理系统****************\n");
        printf("\n\n\t\t\t1 试题管理");
        printf("\n\n\t\t\t2 生成试卷");
        printf("\n\n\t\t\t0 退出教师管理系统\n\n");
        printf("****************************************\n");
        printf("\n\n\t\t\t 请你选择操作：");
        scanf("%d",&sel);
        switch(sel)
        {   case 1: sub_teachermenu();break;
            case 2: zuti();break;
            default: menu();
        }
    }
}

void menu()                              /* 功能：主菜单显示函数 */
{   int sel;
    system("cls");
    while(1)
    {   printf("\n\n\t\t       小型考试系统\n");
```

```c
            printf("**************************************************\n");
            printf("\n\n\t\t\t1 学生考试模块\n\n");
            printf("\n\n\t\t\t2 教师管理模块\n\n");
            printf("\n\n\t\t\t 其他任意键退出系统\n\n");
            printf("**************************************************\n");
            printf("\n\n\t\t\t 请选择 1 或 2: ");
            scanf("%d",&sel);
            switch(sel)
            {   case 1: dati();break;
                case 2: teachermenu();break;
                default: exit(1);
            }
        }
    }
    void main()                                  /*主函数*/
    {   system("cls");
        menu();
    }
```

5.4 打字软件

```c
    #include<stdio.h>
    #include<conio.h>
    #include<stdlib.h>
    #include<string.h>
    #include<dos.h>
    #include<time.h>
    #define NUM 101                /*NUM 为每次练习的字符个数,可根据实际需求更改*/
    char string[NUM];
    void MENU(void)                /*功能：设置菜单函数*/
    {   printf("_*__*_*_*_*_*_*_*_*_*_*_*_*_*_*_*_*_*\n"
        "\t\t""欢迎使用本打字系统!祝您取得好的成绩\n"
              "*_*_*_*_*_*_*_*_*_*_*_*_*_*_*_*_*_*_*\n"
        "\t\t"       "1: 英文字符练习\n"
        "\t\t"       "2: 汉字练习\n"
        "\t\t"       "3: 综合练习\n"
        "\t\t"       "4: 现在有事,改日再练\n"
        "\n");
    }
    void SHOW_character(void)      /*根据用户要求随机选择和显示要进行练习的内容*/
    {   void Typing();             /*声明 typing()函数*/
        FILE * in;                 /*定义要打开的文件指针*/
        int i,t,choice;
        char ch;
```

```
    t=abs(time(0))%200;              /*获取随机数来指定下面指针的位*/
    printf("\n请选择(1-4): ");
    choice=getchar();
    system("cls");                   /*清屏*/
    switch(choice)                   /*根据用户选择来打开相对应的文件*/
    {   case '1':   in=fopen("e:\english.txt","r");   break;
        case '2':   in=fopen("e:\chinese.txt","r");   break;
        case '3':   in=fopen("e:\others.txt","r");    break;
        case '4':   exit(1);                          break;
        default: printf("\n选择有误!!\n");printf("按任意键退出!\n");getch();exit
        (1);
    }
    if(in==NULL)                     /*测试文件是否为空*/
    {   printf("抱歉!\n\n不能进行打字练习(练习文件为空)!\n\n按任意键退出!\n ");
        getch();
        exit(1);}
    fseek(in,t*11,0);                /*文件指针定位,然后读取 NUM 个字符*/
    fgets(string,NUM,in);
    printf("请按下列*号标记内的内容顺序练习: \n\n");
    printf("***************************************************\n");
    puts(string);
    printf("\n");
    printf("***************************************************\n");
    fclose(in);                      /*关闭文件*/
    printf("\n是否可以练习啦?? [Y/N]");
    printf("\n");
    ch=getchar();
    if(ch=='n'||ch=='N')             /*判断是否练习打字*/
        exit(0);
    else if(ch=='y'||ch=='Y')
        Typing();
    }
}

void Typing(void)      /*接收和判断用户输入的内容,并完成相关数据的统计与显示*/
{   int i,j,Right_char=0,Wrong_char=0,Sum_char=0;
    float Speed,Timeused,Right_rate;
    char absorb_char,ch_1,ch_2,ch_3;
    time_t star,stop;                /*定义 time 变量,获取系统时间并显示在屏幕上*/
    time(&star);
    printf("\n");
    printf("time begin: %s\n",ctime(&star));
    i=0;
    absorb_char=getchar();           /*接收键盘输入的字符,进行判断和统计相关数据*/
    while(absorb_char!='\n'&&i<100)
    {
```

```c
        if(absorb_char==string[i])
        {   Right_char++;
            Sum_char++;
        }
        else
        {   Wrong_char++;
            Sum_char++;
        }
        i++;
        absorb_char=getchar();
    }
    time(&stop);
    Timeused=difftime(stop,star);              /*利用difftime()函数输出所用时间*/
    Right_rate=(float)Right_char/(float)Sum_char*100;
    Speed=(Sum_char/Timeused)*60;
    printf("time end: %s\n",ctime(&stop));     /*下面显示统计数据*/
    printf("**#############~ YOUR  SCORE!!~ #############**\n");
    printf("    本次练习所用时间为%.0f 秒\n\n",Timeused);
    printf("    您一共输入了: %d 个字符\n",Sum_char);
    printf("    其中正确字符的个数为: %d",Right_char);
    printf("    错误字符的个数为: %d\n",Wrong_char);
    printf("    (正确率为 : %.2f%%)\n\n",Right_rate);
    printf("    打字速度为: %.2f\min\n",Speed);
    printf("**#############~ YOUR SCORE!!~#############**\n");
    if(Speed<=50||Right_rate<=80)              /*询问用户是否重来一遍*/
    {   printf(" 还需努力哦!\n   是否再练一次?[Y/N]\n");
        ch_2=getch();
        if(ch_2=='n'||ch_2=='N')  exit(0);
        else  if(ch_2=='y'||ch_2=='Y')
            {   system("cls");
                MENU();                        /*分别调用函数重来一遍*/
                SHOW_character();
                Typing();
            }
        exit(0);
    }
    else printf(" 很好!!\n 是否继续练习？[Y/N]\n");   /*询问用户是否重来一遍*/
    ch_3=getch();
    if(ch_3=='n'||ch_3=='N') exit(0);
    else  if(ch_3=='y'||ch_3=='Y')
        {   system("cls");
            MENU();                            /*分别调用函数重来一遍*/
            SHOW_character();
            Typing();
        }
```

```c
        exit(0);
    }
void main(void)                          /*主函数包含四个要调用的函数*/
{   MENU();
    SHOW_character();
    Typing();
}
```

5.5 五子棋

```c
#include<stdio.h>                        /*加载头文件*/
#include<stdlib.h>
#include<graphics.h>
#include<bios.h>
#include<conio.h>
#define LEFT 0x4b00                      /*编译预处理,定义按键码*/
#define RIGHT 0x4d00
#define DOWN 0x5000
#define UP 0x4800
#define ESC 0x011b                       /*若想在游戏中途退出,可按 Esc 键*/
#define SPACE 0x3920                     /*SPACE 键表示落子*/
#define OFFSET 20                        /*设置偏移量*/
#define OFFSET_x 4
#define OFFSET_y 3
#define N 19                             /*定义数组大小*/
int status[N][N];                        /*定义的数组,保存状态,全局变量*/
int step_x,step_y;                       /*行走的坐标,全局变量*/
int key;                                 /*获取按下的键盘的键,全局变量*/
int flag;                                /*玩家标志,全局变量*/
void DrawBoard();
void DrawCircle(int x,int y,int color);
void Alternation();
void JudgePlayer(int x,int y);
void Done();
int ResultCheck(int x,int y);
void WelcomeInfo();
void ShowMessage();
void WelcomeInfo()                       /*显示欢迎信息函数*/
{   char ch;
    gotoxy(12,4);                        /*移动光标到指定位置*/
    printf("Welcome you to gobang word!");
    gotoxy(12,6);
    printf("1.You can use the up,down,left and right key to move the chessman,");
    gotoxy(12,8);
    printf("  and you can press Space key to enter after you move it!");
```

```c
        gotoxy(12,10);
        printf("2.You can use Esc key to exit the game too !");
        gotoxy(12,12);
        printf("3.Don not move the pieces out of the chessboard !");
        gotoxy(12,14);
        printf("DO you want to continue ?(Y/N)");
        ch=getchar();
        if(ch=='n'||ch=='N')                    /*判断程序是否要继续进行*/
            exit(0);                            /*如果不继续进行,则推出程序*/
}
void DrawBoard()                                /*画棋盘函数*/
{   int x1,x2;
    int y1,y2;
    setbkcolor(2);                              /*设置背景色*/
    setcolor(1);                                /*设置线条颜色*/
    setlinestyle(DOTTED_LINE,1,1);              /*设置线条风格、宽度*/
    for(x1=1,y1=1,y2=18;x1<=18;x1++)            /*按照预设的偏移量开始画棋盘*/
    line( (x1+OFFSET_x) * OFFSET,  (y1+OFFSET_y) * OFFSET,
        (x1+OFFSET_x) * OFFSET,  (y2+OFFSET_y) * OFFSET);
    for(x1=1,y1=1,x2=18;y1<=18;y1++)
    line((x1+OFFSET_x) * OFFSET,(y1+OFFSET_y) * OFFSET,
        (x2+OFFSET_x) * OFFSET,(y1+OFFSET_y) * OFFSET);
    for(x1=1;x1<=18;x1++)                       /*将各个点的状态设置为0*/
    for(y1=1;y1<=18;y1++)
    status[x1][y1]=0;
    /*显示帮助信息*/
    setcolor(14);
    settextstyle(1,0,1);                        /*设置字体、大小*/
    outtextxy((19+OFFSET_x) * OFFSET,(2+OFFSET_y) * OFFSET,"Player key: ");
    setcolor(9);
    settextstyle(3,0,1);
    outtextxy((19+OFFSET_x) * OFFSET,(4+OFFSET_y) * OFFSET,"UP--up ");
    outtextxy((19+OFFSET_x) * OFFSET,(6+OFFSET_y) * OFFSET,"DOWN--down ");
    outtextxy((19+OFFSET_x) * OFFSET,(8+OFFSET_y) * OFFSET,"LEFT--left");
    outtextxy((19+OFFSET_x) * OFFSET,(10+OFFSET_y) * OFFSET,"RIGHT--right");
    outtextxy((19+OFFSET_x) * OFFSET,(12+OFFSET_y) * OFFSET,"ENTER--space");
    setcolor(14);
    settextstyle(1,0,1);
    outtextxy((19+OFFSET_x) * OFFSET,(14+OFFSET_y) * OFFSET,"Exit: ");
    setcolor(9);
    settextstyle(3,0,1);
    outtextxy((19+OFFSET_x) * OFFSET,(16+OFFSET_y) * OFFSET,"ESC");
}

void DrawCircle(int x,int y,int color)          /*画圆函数*/
```

```c
{   setcolor(color);
    setlinestyle(SOLID_LINE,0,1);        /*设置画圆线条风格,宽度,这里为虚线*/
    x=(x+OFFSET_x) * OFFSET;
    y=(y+OFFSET_y) * OFFSET;
    circle(x,y,8);
}
void Alternation()                        /*交换行棋方函数*/
{   if(flag==1)
    flag=2;
    else
    flag=1;
}
void JudgePlayer(int x,int y)             /*对不同的行棋方画不同颜色的圆函数*/
{   if(flag==1)
    DrawCircle(x,y,15);
    if(flag==2)
    DrawCircle(x,y,4);
}
int ResultCheck(int x,int y)              /*判断当前行棋方是否获胜函数*/
{   int j,k;
    int n1,n2;
    while(1)
    {                                     /*对水平方向进行判断是否有5个同色的圆*/
        n1=0;
        n2=0;
        /*水平向左数*/
        for(j=x,k=y;j>=1;j--)
        {   if(status[j][k]==flag)
            n1++;
            else
            break;
        }
        /*水平向右数*/
        for(j=x,k=y;j<=18;j++)
        {   if(status[j][k]==flag)
            n2++;
            else
            break;
        }
        if(n1+n2-1>=5)
        {   return(1);
        }
        /*对垂直方向进行判断是否有5个同色的圆*/
        n1=0;
        n2=0;
        /*垂直向上数*/
```

```c
     for(j=x,k=y;k>=1;k--)
     {   if(status[j][k]==flag)
         n1++;
         else
         break;
     }
     /*垂直向下数*/
     for(j=x,k=y;k<=18;k++)
     {   if(status[j][k]==flag)
         n2++;
         else
         break;
     }
     if(n1+n2-1>=5)
     {   return(1);
     }
     /*从左上方到右下方进行判断是否有 5 个同色的圆*/
     n1=0;
     n2=0;
     /*向左上方数*/
     for(j=x,k=y;(j>=1)&&(k>=1);j--,k--)
     {   if(status[j][k]==flag)
         n1++;
         else
         break;
     }
     /*向右下方数*/
for(j=x,k=y;(j<=18)&&(k<=18);j++,k++)
     {   if(status[j][k]==flag)
         n2++;
         else
         break;
     }
     if(n1+n2-1>=5)
     {   return(1);
     }
     /*从右上方到左下方进行判断是否有 5 个同色的圆*/
     n1=0;
     n2=0;
     /*向右上方数*/
     for(j=x,k=y;(j<=18)&&(k>=1);j++,k--)
     {   if(status[j][k]==flag)
         n1++;
         else
         break;
     }
     /*向左下方数*/
```

```c
        for(j=x,k=y;(j>=1)&&(k<=18);j--,k++)
        {   if(status[j][k]==flag)
            n2++;
            else
            break;
        }
        if(n1+n2-1>=5)
        {    return(1);
        }
        return(0);
    }
}
void Done()                          /*执行下棋函数*/
{   int i;
    int j;
    switch(key)                      /*根据不同的key值进行不同的操作*/
    {   case LEFT:                   /*如果是向左移动的*/
            if(step_x-1<0)           /*如果下一步超出棋盘左边界则什么也不做*/
            break;
            else
            {   for(i=step_x-1,j=step_y;i>=1;i--)
                if(status[i][j]==0)
                  {  DrawCircle(step_x,step_y,2);
                     break;
                  }
                if(i<1)
                break;
                step_x=i;
                JudgePlayer(step_x,step_y);
                break;
            }
        case RIGHT :                 /*如果是向右移动的*/
            if(step_x+1>18)          /*如果下一步超出棋盘右边界则什么也不做*/
            break;
            else
            {   for(i=step_x+1,j=step_y;i<=18;i++)
                if(status[i][j]==0)
                  {                  /*每移动一步画一个圆,显示移动的过程*/
                     DrawCircle(step_x,step_y,2);
                     break;
                  }
                if(i>18)  break;
                step_x=i;
                JudgePlayer(step_x,step_y);    /*画不同颜色的圆显示行棋一方是谁*/
                break;
            }
        case DOWN :                  /*如果是向下移动的*/
```

```c
            if((step_y+1)>18)          /*如果下一步超出棋盘下边界则什么也不做*/
         break;
         else
           {  for(i=step_x,j=step_y+1;j<=18;j++)
              if(status[i][j]==0)
                {  DrawCircle(step_x,step_y,2);
                    break;
                }
              if(j>18) break;
              step_y=j;
              JudgePlayer(step_x,step_y);
              break;
            }
   case UP :                    /*如果是向上移动的*/
       if((step_y-1)<0)         /*如果下一步超出棋盘上边界则什么也不做*/
         break;
         else
           {  for(i=step_x,j=step_y-1;j>=1;j--)
              if(status[i][j]==0)
                {  DrawCircle(step_x,step_y,2);
                    break;
                }
              if(j<1)break;
              step_y=j;
              JudgePlayer(step_x,step_y);
              break;
            }
   case  ESC :                  /*如果是退出键*/
       break;
   case  SPACE:                 /*如果是确定键*/
       /*如果操作是在棋盘之内*/
         if(step_x>=1&&step_x<=18&&step_y>=1&&step_y<=18)
            {  if(status[step_x][step_y]==0)
                /*按下确定键后,如果棋子当前位置的状态为 0*/
            {    /*则更改棋子当前位置的状态在 flag,表示是哪个行棋者行的棋*/
              status[step_x][step_y]=flag;
              if(ResultCheck(step_x,step_y)==1)
              /*如果判断当前行棋者获胜*/
              { sound(1000);      /*以指定频率打开 PC 扬声器*/
                delay(1000);      /*扬声器的发生时间,为 1 秒钟*/
                nosound();
                gotoxy(30,4);
                setbkcolor(BLUE);
                cleardevice();                      /*清除图形屏幕*/
                setviewport(100,100,540,380,1);     /*为图形输出设置当前视口*/
                setfillstyle(1,2);
                setcolor(YELLOW);
```

```
                    rectangle(0,0,439,279);
                     floodfill(50,50,14);
                     setcolor(12);
                     settextstyle(1,0,5);          /*三重笔画字体,水平放大5倍*/
                     outtextxy(20,20,"Congratulation!");
                     setcolor(15);
                     settextstyle(3,0,4);
                     /*如果是Player1获胜,显示获胜信息*/
                     if(flag==1)
                     {    /*无衬笔画字体,水平放大5倍*/
                        outtextxy(20,120,"Player1 win the game!");
                     }
                     /*如果是Player1获胜,显示获胜信息*/
                     if(flag==2)
                     {    /*无衬笔画字体,水平放大5倍*/
                        outtextxy(20,120,"Player2 win the game!");
                     }
                     setcolor(14);
                     settextstyle(2,0,8);
                     getch();
                     exit(0);
                  }
                  /*如果当前行棋者没有获胜,则交换行棋方*/
                  Alternation();
                  /*提示行棋方是谁*/
                  ShowMessage();
                  break;
               }
            }
        else
          break;
    }
}
void ShowMessage()                               /*显示行棋方函数*/
{   if(flag==1)                                  /*轮到Player1行棋*/
    {   setcolor(2);
        settextstyle(1,0,1);
        gotoxy(100,30);
        outtextxy(100,30,"It's turn to Player2!");   /*覆盖原有的字迹*/
        setcolor(12);
        settextstyle(1,0,1);
        outtextxy(100,30,"It's turn to Player1!");
    }
    if(flag==2)                                  /*轮到Player2行棋*/
    {   setcolor(2);
        settextstyle(1,0,1);
        outtextxy(100,30,"It's turn to Player1!");   /*覆盖原有的字迹*/
```

```c
        setcolor(12);
        settextstyle(1,0,1);
        gotoxy(100,20);
        outtextxy(100,30,"It's turn to Player2 !");
    }
}
int main()                              /*主函数*/
{   int gdriver;
    int gmode;
    int errorcode;
    clrscr();                           /*清空文本模式窗口*/
    WelcomeInfo();                      /*显示欢迎信息*/
    gdriver=DETECT;
    gmode=0;
    initgraph(&gdriver,&gmode,"");      /*初始化图形系统*/
    errorcode=graphresult();            /*返回最后一次不成功的图形操作的错误代码*/
    if (errorcode!=grOk)
    {   printf("\nNotice: Error occured when grphics initialization:
                                %s\n",grapherrormsg(errorcode));
        printf("Press any key to quit!");
        getch();
        exit(1);
    }
    flag=1;                             /*设置 flag 初始值,默认是 Player1 先行*/
    DrawBoard();                        /*画棋盘*/
    ShowMessage();
    do
    {   step_x=0;
        step_y=0;
        JudgePlayer(step_x-1,step_y-1);
        do
        {   while(bioskey(1)==0);       /*没有键按下,则 bioskey(1)函数将返回 0*/
            key=bioskey(0);             /*获取从键盘按下的键值*/
            Done();                     /*根据获得的键值进行下棋操作*/
        }while(key!=SPACE&&key!=ESC);
    } while(key!=ESC);
    closegraph();
    return 0;
}
```

第 6 章 学生宿舍管理系统

6.1 系统设计目的

本章旨在训练读者的基本编程能力,了解信息系统的开发流程,熟悉 C 语言结构体数组的基本操作,本程序中涉及结构体数组、文件等方面的知识。通过本程序的训练,使读者能对 C 语言的文件操作有一个更深刻的了解,掌握利用结构体数组对学生信息进行管理的原理,为进一步开发出高质量的信息系统打下坚实的基础。

6.2 系统功能描述

如图 6.1 所示,此学生宿舍管理系统主要利用结构体数组实现,它由如下五大功能模块组成。

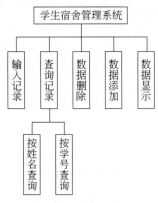

图 6.1 学生宿舍管理系统功能模块

(1) 输入记录模块。输入记录模块主要完成将数据存入结构体数组中的工作。在学生宿舍管理系统中,从键盘输入的数据信息,以二进制文件的形式保存。

(2) 查询记录模块。查询记录模块主要完成在结构体数组中查找满足条件的记录。在此学生宿舍管理系统中,用户可以按照学生的姓名或学号进行查找。若找到该学生的记录,则打印出该学生的信息,若未找到则在屏幕上产生提示。

(3) 数据删除模块。循环将文件中的数据读入数组,对数组中的数据和要删除的数据一一比较,如果找到与之匹配的数据在数组中对该数据进行删除,若未找到在屏幕上产生提示,最后将删除后的数组数据写入文件。

(4) 数据添加模块。主要对原始输入的数据进行数据补充,并将补充后的数据存入文件。

(5) 数据显示模块。主要对文件中存放的数据以列表的形式进行显示,便于查看。

6.3 系统总体设计

6.3.1 功能模块

1. 主控 main()函数执行流程

本学生宿舍管理系统执行主流程图如图 6.2 所示。程序进入时执行主循环操作,显示主菜单,进行按键判断。

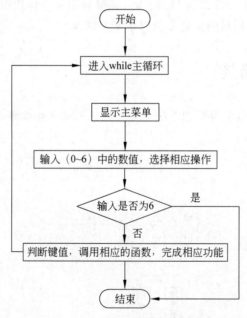

图 6.2 主控 main()函数执行流程图

在判断键值时,有效的输入为 0~6 的任意数值,其他输入都被视为错误按键。若选择 1,则调用 shuru()函数,执行输入记录功能;若选择 2,则调用 xianshi()函数,以列表的方式显示数据;若选择 3,则调用 chaxun()函数,查询宿舍管理系统中的相关信息;若选择 4,则调用 zhuijia()函数,往文件中添加新的记录信息;若选择 5,则调用 shanchu()函数,删除宿舍管理系统中的相关信息;若选择 6,则退出管理系统。

2. 查询学生

查询记录模块主要实现了在结构体中按学号或姓名查找满足相关条件的学生记录。定义文件类型指针 fp 用于指向进行操作的文件，通过 fread() 函数把文件中存放的数据不断读取到变量 a 中，把 a 中的数据和要查找的数据进行比较，如果找到与之匹配的数据在数组中对该数据进行删除，若未找到在屏幕上产生提示，最后将删除后的数组数据写入文件。

3. 删除学生

删除学生记录模块主要实现了在结构体中按学号查找满足相关条件的学生记录，找到该记录后对记录进行删除。定义文件类型指针 fp 用于指向进行操作的文件，通过 fread() 函数把文件中存放的数据不断读取到数组 a 中，把数组 a 中的数据逐个和要查找的数据进行比较，判断出是否是要查找的数据，如果是的话则对数组中的此数据进行删除操作，否则在屏幕中提示相应的没有找到的信息。

4. 添加学生

添加学生记录模块主要实现了在结构体中添加新的信息，该模块先利用 fopen() 函数打开文件，通过 for 循环语句不断的把新的数据添加到文件中，最后关闭该文件。

5. 显示记录模块

显示学生记录模块主要实现了把文件中存放的信息，以列表的形式进行显示。该模块先利用 fopen() 函数打开文件，通过 while 循环语句不断地把文件中存放的数据读取到变量 a 中，并且在屏幕上显示，最后关闭该文件。

6.3.2 数据结构

```
typedef struct student
{   int qinshi;
    int chuangwei;
    char name[20];
    char phone[12];
    long num;
}STU;
```

结构 student 它将作为结构体数组，每个存储单元存放的基本数据信息。其中各个字段值的含义如下。

qinshi：存放寝室号码。
chuangwei：存放床位号码。
name[20]：存放姓名。
phone[12]：存放电话号码。
num：存放该同学的学号。

6.3.3 各函数功能

1. shuru()

函数原型：

void shuru()

shuru()函数用于输入学生宿舍管理系统的基本信息。

2. zhuijia()

函数原型：

void zhuijia()

zhuijia()函数用于陆续添加学生宿舍管理系统基本信息。

3. xianshi()

函数原型：

void xianshi()

xianshi()函数用于显示结构体数组中存储的学生宿舍记录，内容为 student 结构体中定义的内容。

4. chaxunname()

函数原型：

void chaxunname()

chaxunname()函数用于在结构体数组中按姓名查找满足条件的学生记录，并显示。

5. chaxunxuehao()

函数原型：

void chaxunxuehao()

chaxunxuehao()函数用于在结构体数组中按学号查找满足条件的学生记录，并显示。

6. chaxun()

函数原型：

void chaxun()

chaxun()函数用于在窗口显示查询项。

7. shanchu()

函数原型：

void shanchu()

shanchu()函数用于在结构体数组中删除满足条件的记录。

8. 主函数 main()

整个学生宿舍管理系统控制部分。

6.4 系统源码

6.4.1 源码实现

```c
#include"stdio.h"
#include"string.h"
#include"stdlib.h"
typedef struct student
{   int qinshi;
    int chuangwei;
    char name[20];
    char phone[12];
    long num;
}STU;
void shuru()
{   int i,n;
    STU a;
    FILE *fp;
    fp=fopen("c:\\学生宿舍系统.dat","wb");
    if(fp==NULL)
    { printf("!");   return;}
    system("cls");
    printf("录入的个数是：  ");
    scanf("%d",&n);
    for(i=0;i<n;i++)
    {
        printf("\t寝室号:");
        scanf("%d",&a.qinshi);
        printf("\t床位:");
        scanf("%d",&a.chuangwei);
        printf("\t姓名:");
        scanf("%s",a.name);
        printf("\t手机号:");
        scanf("%s",a.phone);
        printf("\t学号:");
        scanf("%ld",&a.num);
        fwrite(&a,sizeof(STU),1,fp);
```

```c
        }
        fclose(fp);
        getch();
}
void zhuijia()
{
        int i,n;
        STU a;
        FILE * fp;
        system("cls");
        if((fp=fopen("c:\\学生宿舍系统.dat","ab"))==NULL)
          {   printf("error!\n");exit(0); }
        printf("\n\n\t 请输入追加人数:");
        scanf("%d",&n);
         for(i=0;i<n;i++)
         {
              printf("\t 寝室号:");
              scanf("%d",&a.qinshi);
              printf("\t 床位:");
              scanf("%d",&a.chuangwei);
              printf("\t 姓名:");
              scanf("%s",a.name);
              printf("\t 手机号:");
              scanf("%s",a.phone);
              printf("\t 学号:");
              scanf("%ld",&a.num);
              fwrite(&a,sizeof(STU),1,fp);
          }
        fclose(fp);
}
void xianshi()
{    STU a;
     FILE * fp;
     system("cls");
     if ((fp=fopen("c:\\学生宿舍系统.dat","rb"))==NULL)
     {printf("error!\n");exit(0);}
     rewind(fp);
     printf("\n\n\n\t\b\b 寝室号\t 床位\t 姓名\t    手机号\t 学号\n");
     while(fread(&a,sizeof(STU),1,fp)!=0)
        printf("%d\t%d\t%s\t%s\t%ld\n",a.qinshi,a.chuangwei,a.name,a.phone,a.num);
     fclose(fp);
}
void chaxunname()
{
     int f=0;
```

```c
    char na[20];
    STU a;
    FILE * fp;
    fp=fopen("c:\\学生宿舍系统.dat","rb");
    if(fp==NULL)
    {printf("无法打开!\n");exit(1);}
    printf("请输入要查找姓名：");
    scanf("%s",na);
    while(fread(&a,sizeof(STU),1,fp)!=0)
    if(strcmp(na,a.name)==0)
{
    printf("寝室号\t床位\t姓名\t    手机号\t学号\n");
    printf("%d\t%d\t%s\t%s\t%ld\n",a.qinshi,a.chuangwei,a.name,a.phone,a.num);
    f=1;
}
    if(f==0) printf("没有该学生信息。");
    fclose(fp);
}
void chaxunxuehao()
{   int f=0,x=0;
    STU a;
        FILE * fp;
        fp=fopen("c:\\学生宿舍系统.dat","rb");
        if(fp==NULL)
        {printf("打开失败!\n");exit(1);}
        printf("请输入要查询的学号：  ");
        scanf("%d",&x);
        while(fread(&a,sizeof(STU),1,fp)!=0)
        if(x==a.num)
        {
            printf("寝室号\t床位\t姓名\t    手机号\t学号\n");
            printf("%d\t%d\t%s\t%s\t%ld\n",a.qinshi,a.chuangwei ,a.name,a.phone,a.num);
            f=1;
        }
    if(f==0) printf("没有该寝室的信息。");
    fclose(fp);
}
void chaxun()
{   int a;
        system("cls");
        printf("\n\n\t\t 你现在已经进入学生宿舍管理系统\n");
        printf("\t\t\t 按姓名查询输入 1\n");
        printf("\t\t\t 按学号查询输入 2\n");
        printf("\t\t\t 退出输入 3\n");
        printf("\t\t\t 请输入命令：   ");
```

```c
            scanf("%d",&a);
            switch(a)
            {   case 1:chaxunname();break;
                case 2:chaxunxuehao();break;
                case 3:break;
            }
    }
    void shanchu()
    {   int s;
        struct student a[10];
        int i=0,n,f=0,k;
        long num;
        FILE * fp;
        printf("\t\t\t请输入管理密码!");
        scanf("%d",&s);
        if(s!=0) printf("管理密码错误!");
        else
        {
            fp=fopen("c:\\学生宿舍系统.dat","r");
            if(fp==NULL)
            { printf("打开c:\\学生宿舍系统.dat失败!\n");
                exit(1);
            }
            fseek(fp,0,2);
            n=ftell(fp)/sizeof(struct student);
            rewind(fp);
            printf("输入学号:");
            scanf("%ld",&num);
            for(i=0;i<n;i++)
            fread(&a[i],sizeof(STU),1,fp);
            for(i=0;i<n;i++)
            if(num==a[i].num)
            {   printf("按任意键删除");
                f=1;
                k=i;
                break;
            }
            else f=0;
            fclose(fp);
            if(f==0)
            printf("未找到对应学生信息\n");
            else
            {
                for(i=k;i<n-1;i++)
                a[i]=a[i+1];
```

```c
            n--;
            fp=fopen("c:\\学生宿舍系统.dat","w");
            if(fp==NULL)
            { printf("打开 c:\\学生宿舍系统.dat 失败!\n");
              exit(1);
            }
            for(i=0;i<n;i++)
            fwrite(&a[i],sizeof(struct student),1,fp);
            fclose(fp);
         }
       getchar();getchar();
     }
}
void main()
{   int a;
    do
    {
        printf("\n\n\n\t\t\t 欢迎进入学生宿舍管理系统");
        printf("\t\t\t\t\t\t 录入学生信息输入 1\n");
        printf("\t\t\t 显示学生信息信息输入 2\n");
        printf("\t\t\t 查询学生信息输入 3\n");
        printf("\t\t\t 追加学生信息输入 4\n");
        printf("\t\t\t 删除学生信息输入 5\n");
        printf("\t\t\t 退出系统输入 6\n");
        printf("\t\t\t 输入命令:    ");
        scanf("%d",&a);
        switch(a)
        {
        case 1:shuru();break;
        case 2:xianshi();break;
        case 3:chaxun();break;
        case 4:zhuijia();break;
        case 5:shanchu();break;
        case 6:exit(0);
        }
    }while(a!=0);
}
```

6.4.2 运行界面

1. 主界面

当用户刚进入学生宿舍管理系统时,其界面如图 6.3 所示。用户可选择 1～6 之间的数值,调用相应功能进行操作。当输入 6 时,退出此管理系统。

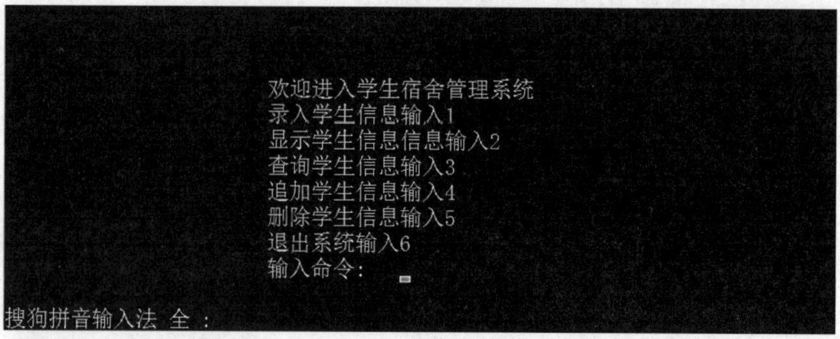

图 6.3　主界面

2. 输入记录

当用户输入 1 并按 Enter 键后,即可进入输入数据界面。其输入过程如图 6.4 所示,这里输入了三条学生记录,当用户输入结束时,返回到主菜单界面。

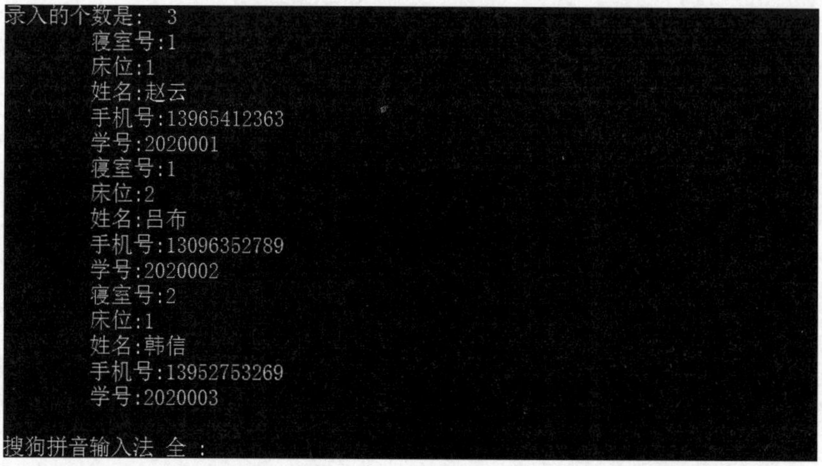

图 6.4　学生记录输入

3. 显示记录

当用户输入记录后,可以在主菜单中输入 2 并按 Enter 键后,查看结构体中学生的记录情况,如图 6.5 所示,此时表中有 3 条记录。

图 6.5　学生记录显示

4. 查找记录

当用户输入 3 并按 Enter 键后,即可以进入查找界面,其查找过程如图 6.6 所示,可以按姓名或学号进行记录查找。

图 6.6　按学号查找

5. 添加记录

当用户输入 4 并按 Enter 键后,即可进入记录添加界面。其添加过程如图 6.7 所示,在这里添加了一条学号为 2020004 的记录。

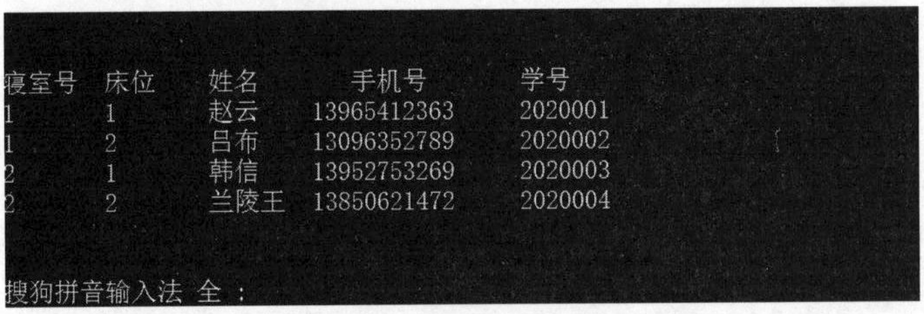

图 6.7　学生记录添加

6. 删除记录

当用户输入 5 并按 Enter 键后,即可进入记录删除界面,删除记录过程如图 6.8 所示,这里删除了一条学号为 2020004 的记录。

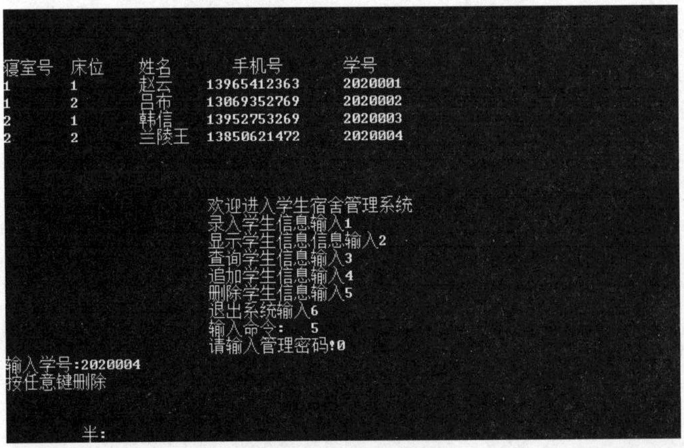

图 6.8　学生记录删除

6.5 系统编程总结

本章介绍了学生宿舍管理系统的设计思路及其编码实现。本章重点介绍了各功能模块的设计原理和用结构体数组实现对学生宿舍管理系统的管理过程,旨在引导读者熟悉C语言下的文件和结构体数组的操作。

利用学生宿舍管理系统可以对宿舍管理进行日常维护和管理,希望有兴趣的读者,可以对此程序进行补充及扩展,使程序功能更加优化,界面更加友好。

第 7 章 学生成绩管理系统

《学生成绩管理系统》是数据库管理系统的一种,数据库管理系统对数据集合(数据库)进行操作,例如对数据库中数据的输入、输出、查询、修改、删除等处理,而数据库建立后还需要进行保存,这样每次运行系统时,可以直接调取数据,而不必每次重新建立。在 C 语言中,对数据库的操作可以通过数组或链表结构来实现,数据库的存储则通过文件来完成。

7.1 系统设计目的

设计本系统主要是锻炼学生对知识点的综合应用能力,《学生成绩管理系统》对于学生来说比较容易理解,程序中涉及结构体、链表和文件等方面的知识,通过程序设计,熟悉管理系统的开发流程,掌握结构体类型数据的定义和使用,深入理解 C 语言单链表的各种操作和文件读写的方法,开发出符合实际、功能完备、性能高效、易于操作的管理系统。

7.2 系统功能描述

《学生成绩管理系统》实现对学生基本信息和成绩的管理,根据实际成绩处理需要和结构化的设计方法,将整个管理系统划分为 9 个功能模块,包括数据输入、数据输出、数据查询、数据修改、数据删除、数据插入、数据排序、数据统计、数据保存。如图 7.1 所示。

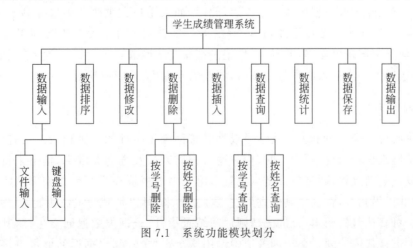

图 7.1 系统功能模块划分

其中,输入模块既可以通过键盘读取数据,也可以从磁盘中文件读取数据,然后形成单链表进行操作。查询模块可以按学号或姓名在单链表中查找满足条件的学生记录。修改模块则完成对单链表指定结点中学生信息的更改。删除模块通过将某结点从单链表中去除的方式完成学生记录的删除工作。插入模块可以在单链表指定位置插入新的学生记录结点。排序模块是按总分从高到低对单链表结点进行排序,采用插入排序算法实现。统计模块是统计单链表结点中学生成绩字段各门课最高分和不及格人数。保存模块将单链表中学生记录写入文件,完成存盘操作。输出模块是将单链表结点中存储的学生信息以表格的形式在屏幕上显示。

7.3 系统总体设计

7.3.1 功能模块

1. 主函数

在主函数设计中,首先以读写方式打开磁盘文件,如果打开文件成功,则从文件中逐条读取学生记录,每条学生记录添加到内存新申请的结点存储空间中,构建单链表。然后调用菜单函数,显示主菜单并进入循环,实现用户输入数字选项、进入相应功能界面完成操作、操作结束返回主界面的操作。当用户输入 1~9 的某个数值后,程序通过 switch 语句进行判断,调用相应功能函数,若输入 0 值,程序则判断之前对学生记录进行了更新操作之后是否执行了存盘操作(程序中设置了一个标记变量,初值为 0,当某个功能模块对链表进行了更改,则将其置 1,表示未执行保存操作),若未存盘,则提示用户是否需要进行存盘操作,然后退出运行。如果用户输入的是 0~9 以外的数值,则提示输入错误。

2. 输入模块

该模块主要实现从键盘输入学生记录作为结点数据域,构建单链表或在现有链表末尾继续添加结点。在前面主函数设计中已经介绍过,如果磁盘文件中已经存储了学生记录,则程序运行时就已经读取数据构建了单链表,此时,如果用户在主菜单中选择输入功能,则继续输入学生记录,作为新结点添加到单链表末尾。若磁盘文件中没有数据,则提示单链表为空,没有任何学生记录可操作,此时,学生记录都需要从键盘输入,每条学生记录同样作为一个结点,构成链表。当输入的学号为 0 时,停止输入过程,返回主界面。

3. 查询模块

该模块实现的是在单链表中按学号或姓名查询满足条件的学生记录。在查询模块中,首先判断单链表是否为空,不为空时,用户输入查询方式及查询关键字,接下来就是在单链表中实现具体查询过程,确定目标结点位置。由于多个模块在进行数据处理前都需要进行查询,为降低代码冗余,将这个具体查询过程独立出来,可以称其为定位功能,其他需要进行查询的模块可直接对其调用,查询成功则返回结点指针,查询失败返回空指针,其他模块根据返回值再进行其他处理。在查询模块中调用这个定位功能,根据返回值可直接输出查询结果。

4. 修改模块

该模块是对单链表中的某个结点数据域中的学生字段值进行修改。用户首先输入要修改的学号,然后调用定位函数进行查找,若找到该学生记录,可以通过重新输入的方式,修改除学号之外的其他字段的值,并将存盘标记变量置1,表示已经对记录进行了修改,但还未执行存盘操作。

5. 删除模块

该模块可以删除单链表中的某个结点,如图7.2所示。用户输入要删除的学号或姓名,输入后调用定位函数查找,若找到该学生记录,将待删除结点的后继结点的指针存入该结点的前驱结点的指针域,释放该结点内存,完成删除。由于数据变化,所以仍需将存盘标记变量置1。

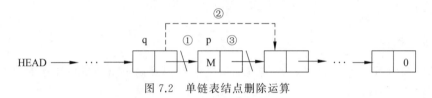

图 7.2 单链表结点删除运算

6. 插入模块

该模块实现在单链表指定学号结点位置之后插入新的学生记录结点。用户输入现有某个学生的学号,同上,找到单链表中该结点,申请新的结点空间,输入一条新的学生记录的信息存入该结点,此结点作为待插入结点,接下来将待插入结点插入到指定学号结点之后。具体插入执行过程如图7.3所示,将指定学号结点的后一个结点的地址存入待插入结点的指针域,将待插入结点地址存入指定学号结点的指针域,完成插入操作。同样将存盘标记变量置1。

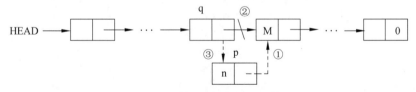

图 7.3 单链表结点插入运算

7. 排序模块

该模块采用插入排序算法,按总分降序对单链表结点进行排序,排序完成后,按顺序给每个结点数据域中学生名次字段赋值。排序时需要新建一个单链表,用来保存排序结果,先从原链表中取出第一个学生记录作为新链表第一个结点。然后从原链表中取出下一个结点,将其总分字段值与新建单链表中的各结点总分字段值进行比较,直到在新建链表中找到总分小于它的结点,若找到,将原链表中取出的结点插入此结点前,作为其前驱结点,否则,将取出的结点添加到新建单链表的尾部。接下来从原链表中继续取下一个结点,重复前面过程,直到从原链表取出的结点的指针域为 NULL,即此结点为链表的尾结点后,排序完成。将存盘标记变量置 1。

8. 统计模块

该模块实现对单链表中所有学生成绩最高分和各科不及格人数的统计。执行时通过循环读取链表中每个结点数据域中的各字段的值,并对各成绩字段进行判断和计数,完成统计后输出结果。

9. 保存模块

该模块实现将单链表结点数据域中的学生信息存入文件。执行时利用循环,调用写文件函数 fwrite(),逐个将每个结点中的学生信息写入文件。完成保存后显示存储记录个数。将存盘标记变量置 0。

10. 显示模块

该模块利用循环,实现将单链表结点中学生信息记录输出至屏幕。输出时通过设置学生记录各字段的列宽,实现表格形式输出数据。

7.3.2 数据结构

1. 学生信息结构体

结构体用于存储学生的基本信息,本程序是通过单链表实现对学生信息的各种操作,因此,学生信息将作为单链表结点的数据域。

学生结构体类型定义及各成员含义如下:

```
struct student {
    char num[11];           /*学号*/
    char name[20];          /*姓名*/
    int computer;           /*计算机成绩*/
    int math;               /*数学成绩*/
    int english;            /*英语成绩*/
    int total;              /*总分*/
    float average;          /*平均分*/
    int mc;                 /*名次*/
};
```

2. 单链表结构体

表示单链表结点的结构体类型包含两个成员,一是前面定义的学生结构体类型数据,作为结点的数据域,二是结点结构体类型的指针,作为单链表结点的指针域,用来存储其直接后继结点的地址。具体定义如下:

```
struct node {
    struct student data;
    struct node * next;
};
```

7.3.3 各函数功能

1. printheader( )

函数原型：

`void printheader()`

功能：当以表格形式显示学生记录时，输出表头标题信息。

2. printdata( )

函数原型：

`void printdata(Node * p)`

功能：将单链表 p 中的学生信息以表格形式显示，由于多个函数中都需要进行显示操作，所以将该功能由独立的函数来实现。

3. stringinput( )

函数原型：

`void stringinput(char * t, int lens, char * notice)`

功能：用于输入字符串，参数字符指针 t 用于保存输入的字符串的首地址，参数 lens 进行字符串长度验证，参数 notice 是输入字符串时的提示信息。

4. numberinput( )

函数原型：

`int numberinput(char * notice)`

功能：用于输入数值型数据，参数 notice 是输入数据时的提示信息。

5. Disp( )

函数原型：

`void Disp(Link l)`

功能：用于显示单链表 l 中的学生记录信息。

6. Locate( )

函数原型：

```
Node * Locate(Link l,char findmess[], char nameomum[])
```

功能：此函数完成的是单链表某结点的定位功能。系统中多个模块都需要按某字段在单链表中对某个学生记录进行查找，因此单独设计查询定位函数。参数 findmess[]接收要查找的具体内容，nameomum[]接收查询字段，查询成功返回该结点的指针，否则返回空值 NULL。

7. Input()

函数原型：

```
void Input(Link l)
```

功能：用于在单链表 l 尾部增加学生记录的结点。

8. Qur()

函数原型：

```
void Qur(Link l)
```

功能：用于在单链表 l 中按学号或姓名查找满足条件的学生记录并显示。

9. Del()

函数原型：

```
void Del(Link l)
```

功能：用于删除单链表 l 中满足条件的学生记录结点。

10. Modify()

函数原型：

```
void Modify(Link l)
```

功能：用于在单链表 l 中修改指定结点中的除学号以外的学生记录信息。

11. Insert()

函数原型：

```
void Insert(Link l)
```

功能：在单链表 l 中指定结点后插入新的学生记录结点。

12. Count()

函数原型：

```
void Count(Link l)
```

功能：在单链表 l 中对学生成绩字段进行统计，并显示统计结果。

13. Sort()

函数原型：

```
void Sort(Link l)
```

功能：对单链表 l 中的结点按总分字段进行降序排序，显示排序前和排序后的结果。

14. Save()

函数原型：

```
void Save(Link l)
```

功能：将单链表 l 中所有结点数据写入磁盘中文件，实现学生记录保存。

15. Menu()

函数原型：

```
void Menu()
```

功能：显示系统功能菜单，此函数被 main() 函数调用。

16. 主函数 main()

函数原型：

```
void main()
```

功能：实现对整个程序的运行控制，包括程序开始运行时从磁盘文件读入学生记录创建链表、程序退出时提示保存、根据用户输入的功能编号进行相关功能模块的调用。

7.4 系统源码

7.4.1 源码实现

根据上述功能模块划分和各模块实现过程描述，编写完整程序代码如下：

```c
#include"stdio.h"          /*标准输入输出函数库*/
#include"stdlib.h"         /*标准函数库*/
#include"string.h"         /*字符串函数库*/
int sflag=0;               /*存盘标志*/
struct student            /*学生信息结构体定义*/
{ char num[11];
  char name[20];
  int computer;
  int math;
  int english;
```

```c
    int total;
    float average;
    int mc;
};
typedef struct node              /*链表结构定义*/
{ struct student data;
  struct node * next;
}Node, * Link;
void printheader()               /*输出表格标题*/
{
    printf("    --------------学生成绩------------\n\n");
    printf("%12s%10s%8s%6s%6s%6s%8s%6s\n","学号","姓名","计算机","数学","英语","总分","平均分","名次");
}
void printdata(Node   * p)       /*输出指针所指结点学生信息*/
{
    printf("%12s%10s%8d%6d%6d%6d%8.1f%6d\n",p->data.num,p->data.name,p->data.computer,p->data.math,p->data.english,p->data.total,p->data.average,p->data.mc);
}
void Wrong()                     /*输入错误提示*/
{
    printf("\n\n\n\n\n 输入错误！按任意键继续。\n");
    getchar();
}
void Nofind()                    /*未找到学生信息提示*/
{
    printf("\n 未找到此学生！\n");
}
void Disp(Link l)                /*输出*/
{
  Node  *p;
  p=l->next;                     /*p指向链表中第一个学生信息结点*/
  if(!p)
  {
    printf("\n    没有学生记录!\n");
    getchar();
    return;
  }
  printf("\n\n");
  printheader();
  while(p)                       /*循环输出链表中存储的所有学生信息*/
  {
    printdata(p);
    p=p->next;
```

```c
        }
        getchar();
        getchar();
}
void stringinput(char * t,int lens,char * notice)              /*字符数据输入*/
{
    char n[200];
    do{
        printf(notice);
        scanf("%s",n);
        if(strlen(n)>lens)
           printf("\n 输入数据超出长度限制！\n");
    }while(strlen(n)>lens);
    strcpy(t,n);
}
int numberinput(char * notice)                                  /*成绩数据输入*/
{
    int t=0;
    do{
        printf(notice);
        scanf("%d",&t);
        if(t>100||t<0)
            printf ("\n 成绩需在 0~100 之间！\n") ;
        }while(t>100||t<0);
    return t;
}
Node* Locate(Link l,char findmess[],char nameornum[])           /*查询定位*/
{
    Node * r;
    if(strcmp(nameornum,"num")==0)                              /*按学号查询*/
    {
         r=l->next;
       while(r)
       {
         if(strcmp(r->data.num,findmess)==0)
         return r;
         r=r->next;
       }
    }
    else if(strcmp(nameornum,"name")==0)                        /*按姓名查询*/
    {
      r=l->next;
      while(r)
       {
         if(strcmp(r->data.name,findmess)==0)
```

```c
            return r;
          r=r->next;
        }
    }
    return 0;                        /*如果没找到,则返回一个空指针*/
}
void Input(Link l)                   /*读入(添加)学生记录*/
{
    Node *p,*r,*s;
    char ch,flag=0,num[11];
    r=l;
    s=l->next;
    system("cls");
    Disp(l);                         /*输出现有的学生信息*/
    while(r->next!=NULL)             /*移动指针至链表末尾,进行数据添加*/
      r=r->next;
    while(1)
    {
      while(1)
      {
        stringinput(num,10,"请输入学号(按'0'返回菜单): ");
        flag=0;
        if(strcmp(num,"0")==0)       /*输入0结束添加操作*/
          {return;}
        s=l->next;
        while(s)                     /*学号唯一,若学号已经存在,则重新输入*/
        {
           if(strcmp(s->data.num,num)==0)
           {
             flag=1;
             break;
           }
           s=s->next;
        }
        if(flag==1)
        {
          getchar();
          printf("学号 %s 已经存在,是否重新输入?(y/n): ",num);
          scanf("%c",&ch);
          if(ch=='y'||ch=='Y')
              continue;
          else
              return;
        }
        else
```

```c
            {break;}
        }
        p=(Node *)malloc(sizeof(Node));
                                    /*申请内存空间,作为新结点存放新添加的学生信息*/
        if(!p)
        {
            printf("\n申请内存失败!");
            return;
        }
        strcpy(p->data.num,num);
        stringinput(p->data.name,20,"姓名: ");
        p->data.computer=numberinput("计算机成绩[0~100]: ");
        p->data.math=numberinput("数学成绩[0~100]: ");
        p->data.english=numberinput("英语成绩[0~100]: ");
        p->data.total=p->data.computer+p->data.math+p->data.english;
        p->data.average=p->data.total/3.0;
        p->data.mc=0;
        p->next=NULL;
        r->next=p;                  /*将新结点链接到链表尾部*/
        r=p;
        sflag=1;
    }
    return;
}
void Qur(Link l)                    /*查询方式选择及结果输出*/
{
    int select;
    char searchinput[20];
    Node *p;
    if(!l->next)
    {
        system("cls");
        printf("\n没有学生记录!\n");
        getchar();
        return;
    }
    system("cls");
    printf("\n\n\t\t1 按学号查询-------2 按姓名查询\n");
    printf("     请选择[1,2]: ");
    scanf("%d",&select);
    if(select==1)                   /*按学号查询*/
    {
        stringinput(searchinput,10,"请输入学生学号: ");
        p=Locate(l,searchinput,"num"); /*调用函数 Lodate()完成查询,返回查询结果*/
        if(p)                       /*查询到学生记录,即 p!=NULL*/
```

```
            {
                printheader();
                printdata(p);
                printf("按任意键返回");
                getchar();
            }
            else
                Nofind();
                getchar();
        }
        else if(select==2)                    /*按姓名查询*/
        {
            stringinput(searchinput,20,"请输入学生姓名:");
            p=Locate(l,searchinput,"name");
            if(p)
            {
                printheader();
                printdata(p);
                printf("按任意键返回");
                getchar();
            }
            else
                Nofind();
                getchar();
        }
        else
            Wrong();
        getchar();
    }
    void Del(Link l)                          /*删除*/
    {
        int sel;
        Node *p,*r;
        char findmess[20];
        if(!l->next)
        {
            system("cls");
            printf("\n\t 没有学生记录!\n");
            getchar();
            return;
        }
        system("cls");
        Disp(l);
        printf("\n\t\t1 按学号删除-----------    2 按姓名删除 \n");
        printf("     请选择[1,2]: ");
```

```c
        scanf("%d",&sel);
        if(sel==1)
        {
            stringinput(findmess,10,"请输入学生学号: ");
            p=Locate(l,findmess,"num");   /*查询要删除学生是否存在*/
            if(p)
            {
                r=l;
                while(r->next!=p)
                    r=r->next;
                r->next=p->next;           /*将要删除结点p从链表中去除*/
                free(p);                   /*释放删除结点内存*/
                printf ("\n\t 删除成功! \n");
                getchar();
                sflag=1;
            }
            else
                Nofind();
            getchar();
        }
        else if(sel==2)
        {
            stringinput(findmess,20,"请输入学生姓名");
            p=Locate(l,findmess,"name");
            if(p)
            {
              r=l;
              while(r->next!=p)
                r=r->next;
              r->next=p->next;
              free(p);
              printf("\n\t 删除成功!\n");
              getchar();
              sflag=1;
            }
            else
              Nofind();
            getchar();
        }
        else
            Wrong();
    getchar();
}
void Modify(Link l)                    /*修改*/
{
```

```c
        Node *p;
        char findmess[20];
        if(!l->next)
        {
            system("cls");
            printf("\n\t没有学生记录!\n");
            getchar();
            return;
        }
        system("cls");
        printf("\t修改学生记录\n");
        Disp(l);
        stringinput(findmess,10,"请输入学生学号: ");
        p=Locate(l,findmess,"num");      /*查询要修改学生是否存在*/
        if(p)                            /*查找结点存在,修改除学号外其他信息*/
        {
            printf("学号: %s,\n",p->data.num);
            printf("姓名: %s,",p->data.name);
            stringinput(p->data.name,20,"请输入修改后的姓名: ");
            printf("计算机成绩: %d,",p->data.computer);
            p->data.computer=numberinput("修改的计算机成绩[0~100]: ");
            printf("数学成绩: %d,",p->data.math);
            p->data.math=numberinput("修改的数学成绩[0~100]: ");
            printf("英语成绩: %d,",p->data.english);
            p->data.english=numberinput("修改的英语成绩[0~100]: ");
            p->data.total=p->data.computer+p->data.math+p->data.english;
            p->data.average=p->data.total/3.0;
            p->data.mc=0;
            printf("\n\t修改成功!\n");
            Disp(l);
            sflag=1;
        }
        else
            Nofind();
        getchar();
}
void Insert(Link l)                      /*插入*/
{
        Link p,v,newinfo;
        char ch,num[11],s[11];
        int flag=0;
        v=l->next;
        system("cls");
        Disp(l);
        while(1)
```

```c
{
    stringinput(s,10,"请输入现有学生学号,在该学生记录后插入新的学生信息: ");
    flag=0;
    v=l->next;
    while(v)                    /*查询该学号是否存在*/
    {
        if(strcmp(v->data.num,s)==0)
        {flag=1; break;}
        v=v->next;
    }
    if(flag==1)                 /*学号存在,结束循环*/
        break;
    else
    {
        getchar();
        printf("\n\t学号 %s 不存在,是否重新输入?(y/n): ",s);
        scanf("%c",&ch);
        if(ch=='y'||ch=='Y')
            continue;
        else
            return;
    }
}
stringinput(num,10,"请输入新的学生学号: ");
v=l->next;
while(v)
{
    if(strcmp(v->data.num,num)==0)
    {
        printf("\t新的学号'%s'已经存在!\n",num);
        printheader();
        printdata(v);
        printf("\n");
        getchar();
        return;
    }
    v=v->next;
}
newinfo=(Node *)malloc(sizeof(Node));    /*申请新结点空间,存储新的学生信息*/
if(!newinfo)
{
    printf("\n 申请内存失败! ");
    return;
}
strcpy(newinfo->data.num,num);
```

```c
        stringinput(newinfo->data.name,20,"姓名: ");
        newinfo->data.computer=numberinput("计算机成绩[0~100]: ");
        newinfo->data.math=numberinput("数学成绩[0~100]: ");
        newinfo->data.english=numberinput("英语成绩[0~100]: ");
        newinfo->data.total=newinfo->data.computer+newinfo->data.math+
        newinfo->data.english;
        newinfo->data.average=newinfo->data.total/3.0;
        newinfo->data.mc=0;
        newinfo->next=NULL;
        sflag=1;
        p=l->next;
        while(1)                    /*在链表中指定学号后插入新结点*/
        {
            if(strcmp(p->data.num,s)==0)
            {
                newinfo->next=p->next;
                p->next=newinfo;
                break;
            }
            p=p->next;
        }
        Disp(l);
        printf("\n\n");
        getchar();
    }
    void Count(Link l)              /*统计*/
    {
        int countc=0,countm=0,counte=0;
        Node * pm,* pe,* pc,* pt;   /*指针分别指向总分及各科分数最高的结点*/
        Node * r=l->next;
        if(!r)
        {
            system("cls");
            printf("\n\t没有学生记录!\n");
            getchar();
            return;
        }
        system("cls");
        Disp(l);
        pm=pe=pc=pt=r;
        while(r)
        {
          if(r->data.computer<60)    countc++;
          if(r->data.math<60)        countm++;
          if(r->data.english<60)     counte++;
```

```c
            if(r->data.computer>=pc->data.computer)    pc=r;
            if(r->data.math>=pm->data.math)            pm=r;
            if(r->data.english>=pe->data.english)      pe=r;
            if(r->data.total>=pt->data.total)          pt=r;
            r=r->next;
        }
        printf ("\n-----------统计结果----------------\n");
        printf("计算机不及格: %d 人\n",countc);
        printf("数学不及格: %d 人\n",countm);
        printf("英语不及格: %d 人\n",counte);
        printf("-------------------------------------------\n");
        printf("总分最高学生姓名: %s 总分: %d\n",pt->data.name,pt->data.total);
        printf("英语成绩最高学生姓名: %s 分数: %d\n",pe->data.name,pe->data.english);
        printf("数学成绩最高学生姓名: : %s 分数: %d\n",pm->data.name,pm->data.math);
        printf("计算机成绩最高学生姓名: %s 分数: %d\n",pc->data.name,pc->data.computer);
        printf("\n\n 按任意键返回");
        getchar();
}
void Sort(Link l)                        /*排序*/
{
    int i=0;
    Link ll;    /*插入法排序,从原链表中逐个取出结点排序,构成新的已经排序链表 ll*/
    Node *p,*rr,*s;
    if(l->next==NULL)
    {
        system("cls");
        printf ("\n\t 没有学生记录!\n");
        getchar();
        return;
    }
    ll=(Node *)malloc(sizeof(Node));
    if(!ll)
    {
        printf("\n\t 申请内存失败!");
        return;
    }
    ll->next=NULL;
    system("cls");
    printf("排序前\n");
    Disp(l);                             /*将排序前的所有学生记录显示出来*/
    p=l->next;
    while(p)
    {
        s=(Node *)malloc(sizeof(Node));     /*新建结点保存链表结点信息*/
```

```c
            if(!s)
            {
                printf("\n\t申请内存失败!");
                return;
            }
            s->data=p->data;
            s->next=NULL;
            rr=ll;         /*指针rr每次从链表ll头结点开始查找插入点位置*/
            while(rr->next!=NULL && rr->next->data.total>=p->data.total)
            {rr=rr->next;}
            if(rr->next==NULL)
                rr->next=s;
            else
            {
                s->next=rr->next;
                rr->next=s;
            }
            p=p->next;                /*指针p指向原链表的下一个结点*/
    }
    l->next=ll->next;                 /*指针l指向已排序的链表*/
    p=l->next;                        /*指针p指向排好序的链表,填写名次*/
    while(p!=NULL)
    {
        i++;
        p->data.mc=i;
        p=p->next;
    }
    printf("排序后\n");
    Disp(l);
    sflag=1;
    printf("\n\t排序完成!\n");
}
void Save(Link l)                     /*存储*/
{
    FILE * fp;
    Node * p;
    int c=0;
    fp=fopen("c:\student","wb");      /*打开文件*/
    if(fp==NULL)
    {
        printf("\n\t文件打开失败!\n");
        getchar();
        return;
    }
```

```c
        p=l->next;
        while(p)
        {
            if(fwrite(p,sizeof(Node),1,fp)==1)      /*将链表结点信息写入文件*/
            {
                p=p->next;
                c++;
            }
            else
            {
                break;
            }
        }
        if(c>0)
        {
            getchar();
            printf("\n\n\n\n\n\t文件存储完成,共存储 %d 个记录\n",c);
            getchar();
            sflag=0;
        }
        else
        {
            system("cls");
            printf("当前链表为空,没有学生记录存储!\n");
            getchar();
        }
        fclose(fp);
}
void menu()                                         /*主菜单界面*/
{
    system("cls");
    printf("\n\n\n\n\n\t\t  student score management system\n");
                                                    /*显示程序菜单*/
    printf("\t\t*********************************\n");
    printf("\t\t\t1--输入     2--查询\n");
    printf("\t\t\t3--修改     4--删除\n");
    printf("\t\t\t5--插入     6--排序\n");
    printf("\t\t\t7--统计     8--保存\n");
    printf("\t\t\t9--输出     0--退出\n");
    printf("\t\t*********************************\n");
}
void main()
{
    FILE *fp;
    Link l;
```

```c
        int select;
        char ch;
        int count=0;
        Node *p,*r;
        l=(Node*)malloc(sizeof(Node));
        if(!l)
        {
            printf ("\n\t申请内存失败!");
            return;
        }
        l->next=NULL;
        r=l;
        fp=fopen("c:\student","ab+");    /*从文件中逐条读入学生记录,作为结点构建链表*/
        if(fp==NULL)
        {
            printf("\n\t文件打开失败!\n");
            exit(0);
        }
        while(!feof(fp))
        {
            p=(Node*)malloc(sizeof(Node));
            if(!p)
            {
                printf("申请内存失败!\n");
                exit(0);
            }
            if(fread(p,sizeof(Node),1,fp)==1)
            {
                p->next=NULL;
                r->next=p;
                r=p;
                count++;
            }
        }
    fclose(fp);
    printf("\n\t文件成功打开,共 %d 个记录。\n",count);
    menu();
    while(1)
    {
        system("cls");
        menu();
        p=r;
        printf("\n\t\t请选择(0-9): ");
        scanf("%d",&select);
        if(select==0)              /*用户选择 0 退出时,若有数据变化但未保存,提示是否保存*/
```

```
        {
            if(sflag==1)
            { getchar();
                printf("\n\t 修改后的记录是否要存入文件?(y/n)：");
                scanf("%c",&ch);
                if(ch=='y'||ch=='Y')
                    Save(l);
            }
            getchar();
            break;
        }
        switch(select)              /*功能选择*/
        {
            case 1: Input(l);break;
            case 2: Qur(l);break;
            case 3: Modify(l);break;
            case 4: Del(l);break;
            case 5: Insert(l);break;
            case 6: Sort(l);break;
            case 7: Count(l);break;
            case 8: Save(l);break;
            case 9: system("cls");Disp(l);break;
            default: Wrong();getchar();break;
        }
    }
}
```

7.4.2 运行界面

1. 系统主界面

程序运行首先执行主函数并调用菜单函数，显示学生成绩管理系统主界面，如图7.4所示。用户根据需要选择0～9的数值，调用相应函数进行操作。

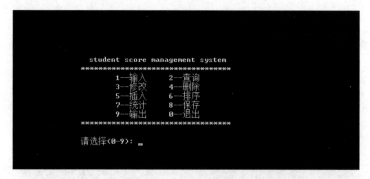

图7.4 系统主界面

2. 输入

当用户选择输入项，即进入输入界面。输入学生记录过程如图 7.5 所示，当用户输入的学号为 0 时结束输入过程，返回主菜单。

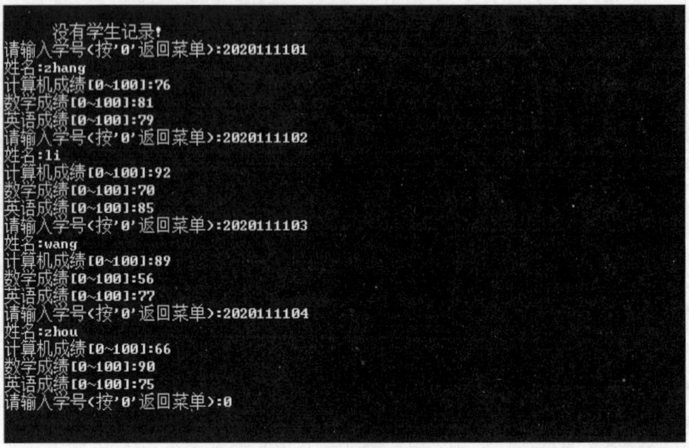

图 7.5 输入数据

3. 显示

当用户选择输出项，则以表格形式显示所有学生记录。如图 7.6 所示。

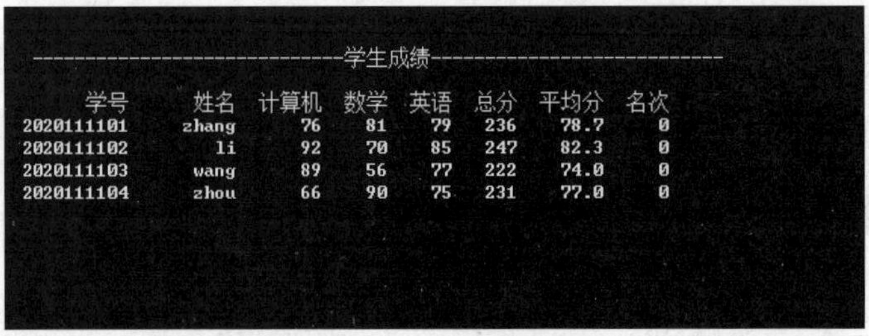

图 7.6 显示数据

4. 查询

当用户选择查询项，则进入记录查询界面，可按学号或姓名进行查询。如图 7.7 所示。

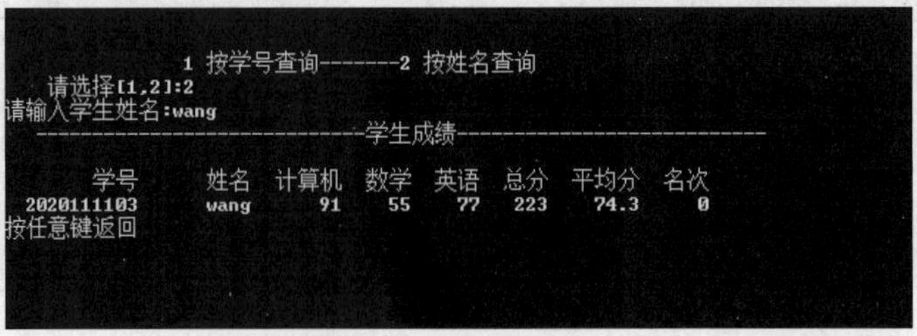

图 7.7 查询数据

5. 修改

当用户选择修改项,则进入修改记录界面,输入需修改学生的学号,修改完成后直接重新显示修改后的记录。如图 7.8 所示。

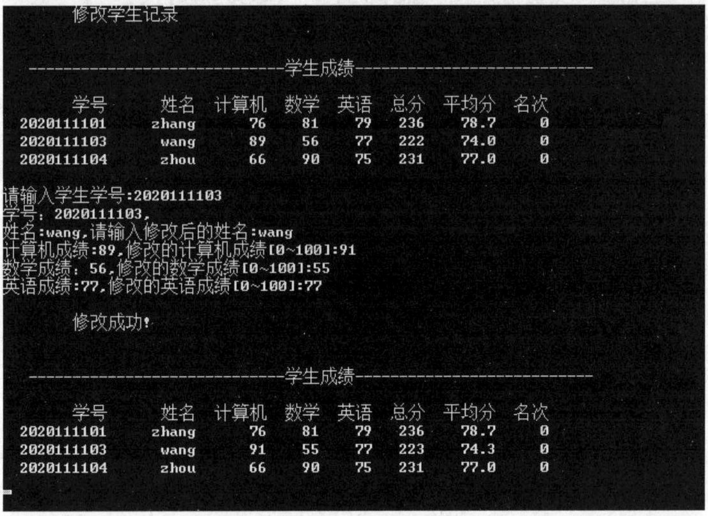

图 7.8 修改数据

6. 删除

当用户选择删除项,则进入删除记录界面,可以按学号或姓名删除。如图 7.9 所示。

图 7.9 删除数据

7. 插入

当用户选择插入项,则进入插入记录界面,在输入的学号位置之后插入新的学生记录,完成后显示结果。如图 7.10 所示。

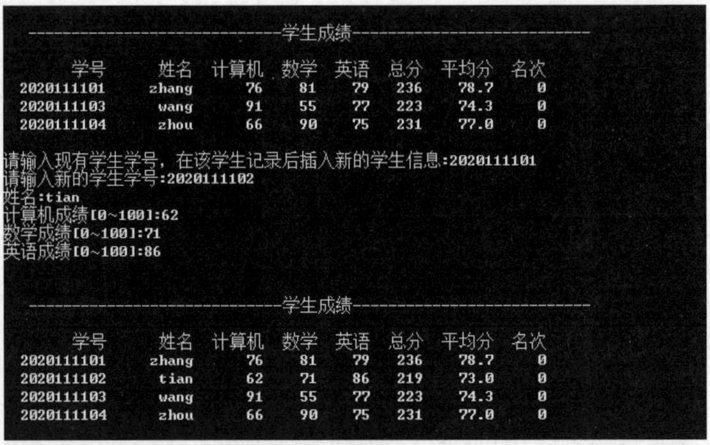

图 7.10 插入数据

8. 排序

当用户选择排序项,则进入排序记录界面,按总分进行降序排序,显示排序前和排序后的学生记录。如图 7.11 所示。

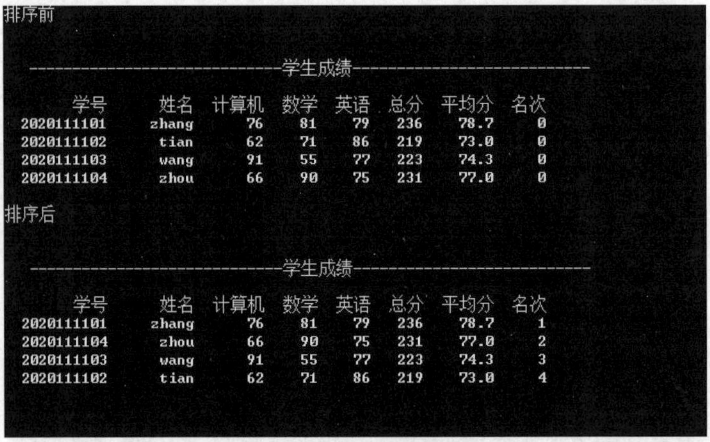

图 7.11 排序数据

9. 统计

当用选择统计项,则进入统计记录界面,程序对最高分和不及格人数进行统计,显示结果。如图 7.12 所示。

10. 保存

当用户选择保存项后,程序将学生记录写入文件,并提示保存的记录个数。如图 7.13 所示。

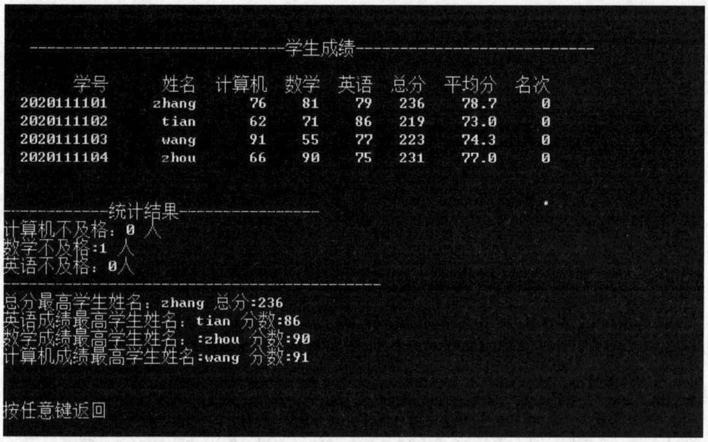

图 7.12　统计数据

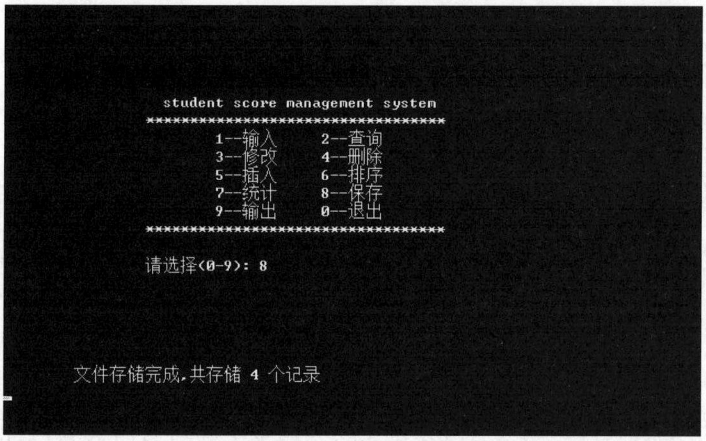

图 7.13　保存数据

7.5　系统编程总结

　　本章对学生成绩管理系统的设计过程进行了介绍,包括功能模块分解和算法设计、编码及运行结果。程序设计中涵盖了 C 语言各章节的知识点,重点是通过单链表结构实现对学生信息的操作、通过文件存取学生信息,程序实现了数据库管理系统的基本功能。

第8章 校园运动会管理系统

该系统主要应用于学校运动会的举办,通过该管理系统可以对运动会的各种信息进行管理,包括运动项目及运动员的录入、修改、删除、更新和成绩录入、统计等功能。大大方便了校园运动会的信息记录及统计。

8.1 系统设计目的

本程序旨在训练读者的基本编程能力,熟悉数组及结构体的各种操作。本程序涉及函数的定义、函数的调用等重要函数知识,并且运用了结构体、字符串、if 语句、switch-case 语句、for 等循环语句。通过本程序的训练,使读者能够掌握利用数组及结构体实现校园运动会管理系统的原理,为进一步利用文件和指针开发更高质量的信息管理系统打下良好基础。

8.2 系统功能描述

如图 8.1 所示,此校园运动会管理系统主要利用数组和结构体实现,它由如下六大功能模块组成。

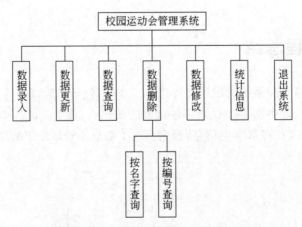

图 8.1 校园运动会管理系统功能模块图

(1) 数据录入模块。录入模块主要实现运动员信息的录入,包括运动员的编号、姓名、性别、学院、所报项目。

（2）数据更新模块。更新模块主要实现按姓名更新运动员相应运动项目的成绩。

（3）数据查询模块。查询模块主要实现按姓名或按编号查询项目及成绩。如找到则显示信息，否则显示未找到。

（4）数据删除模块。删除模块主要实现按姓名或编号查询要删除的运动员信息，如找到信息，则显示信息并删除，否则显示未找到。

（5）数据修改模块。修改模块主要实现按编号查找并修改相应运动员的名字、性别、学院、所报项目。

（6）统计信息模块。统计信息模块根据所选的项目编号对运动员成绩从高到低进行排序。

8.3 系统总体设计

8.3.1 功能模块

1. 主控 main() 函数执行流程

本运动会管理系统执行主流程如图 8.2 所示。程序首先定义结构体变量并通过调用 init()函数进行初始化，接着进入主循环操作并调用 printMenu()函数打印输出主菜单，进行按键判断。

有效的键值输入为 1~7 的任意数值。若输入 1，则调用 addData(data)函数，执行运动员信息录入操作；若输入 2，则调用 findDataByName(data,str)或者 findDataById(data,str)函数按姓名或者编号找到要删除的运动员，再调用 deleteData(data,n)执行删除运动员信息操作；若输入 3，则调用 findDataById(data,str)函数按编号找到要修改的运动员，再调用 updata(data,n)执行修改运动员信息的操作；若输入 4，则调用 ScoreRegistration(data,n)函数执行更新运动员成绩的操作；若输入 5，则调用 findDataByName(data,str)或者 findDataById(data,str)函数按姓名或者编号查找相应运动员，并调用 printNode(data,n)函数显示查找到的运动员信息，即执行了按姓名或者按编号查找的操作；若输入 6，则调用 descendSort(data,temp)和 printProject(data,temp)函数，按项目编号执行运动员成绩统计操作；若输入 7，则退出系统。

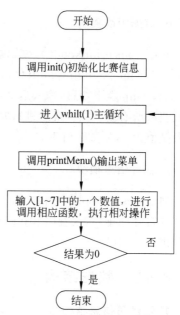

图 8.2 主控 main()函数执行流程图

2. 数据录入模块

首先运用 for 循环来寻找未使用的结构体，避免了重复对结构体赋值，之后运用 gets()

对空的结构体输入运动员信息(运动员编号、运动员姓名、运动员性别以及运动员院系)。在录入信息时用函数 memset()来定义运动员的项目名称以及分数。最后运用 for 循环以及 scanf()函数来输入运动员所选项目。

3. 数据更新模块

通过 for 循环,如果 data[index].projectMark[i]==1 则通过 scanf()将新的成绩写入,执行更新运动员成绩的操作。

4. 数据查询模块

在这个程序的第五个部分也就是数据查询时,定义了 findDataByid(STU data[],char ID[])函数和 findDataByName(STU data[],char Name[])函数,然后以 for、strcmp 进行判断是否有输入的学生编号或者姓名,如果没有则其会自动返回上一个界面,然后重新查找,如果找到这个学生的信息,就会显示"学生编号,学生姓名,学生所报项目,所报项目成绩"。

5. 数据删除模块

删除模块主要实现在数组中查找的信息并做删除,包括运动员的编号,名字,性别,学院,所报的项目。通过查找运动员的姓名或者编号找到相应位置,并通过 deleteData(STU data[],int index)函数删除结点。利用循环语句,将数据删除,实现删除信息的功能。

6. 数据修改模块

先用 void printNode()函数输出之前做标记的结点的信息,接着用 void updata(STU data[],int index)调用对应函数,修改之前下标为 index 的结点的信息。在修改过程中,运用 int j,temp 整形变量,输入运动员信息后,fflush(stdin)清空缓存区防止干扰,然后用 gets()函数获取所有新数据。最后进行赋值判断,若赋值为-1,则结束函数,若不为-1,把运动员编号赋值为 1,分数赋值为 0。

7. 统计信息模块

通过 descendSort()函数中的双重循环 for 语句对每一位参加相应项目的同学的比赛成绩进行降序排列,接着用 printProject()函数的 printNode(data,i)语句进行对该项目数据的输出。

8.3.2 数据结构

1. 运动员信息结构体

```
typedef struct student
{
    char id[15];              //运动员编号
    char name[10];            //姓名
    char sex[5];              //性别
    char major[15];           //所在系名称
```

```
    int projectMark[MAX];      //参加项目的编号
    int score[MAX];            //成绩记录表,最多同时记录 MAX 个项目的成绩
    int n;                     //判断是否被使用
}STU;
```

2. 运动会项目结构体

```
typedef struct Project
{
    char projectName[15];      //项目名称
}Proj;
```

8.3.3 各函数功能

1. printMenu()

函数原型:

`void printMenu()`

功能:用于显示输出运动会管理系统的菜单选项。

2. init()

函数原型:

`void init(Proj p[])`

功能:设置本次运动会的项目名称。

3. addData()

函数原型:

`void addData(STU data[])`

功能:向结构体数组中添加运动员信息。

4. findDataById()

函数原型:

`int findDataById(STU data[],char ID[])`

功能:按运动员编号查找,并返回其下标,未找到则返回-1。

5. findDataByName()

函数原型:

`int findDataByName(STU data[],char Name[])`

功能：按运动员姓名查找，并返回其下标，未找到则返回－1。

6. deleteData()

函数原型：

void deleteData(STU data[],int index)

功能：删除下标为 index 的结点。

7. printNode()

函数原型：

void printNode(STU data[],int index)

功能：打印下标为 index 的结点的信息。

8. updata()

函数原型：

void updata(STU data[],int index)

功能：修改下标为 index 的结点的信息。

9. ScoreRegistration()

函数原型：

void ScoreRegistration(STU data[],int index)

功能：给小标为 index 的结点录入成绩。

10. descendSort()

函数原型：

void descendSort(STU data[],int mark)

功能：按第 mark 项目的成绩降序排序。

11. printProject()

函数原型：

void printProject(STU data[],int mark)

功能：打印参加项目序号为 mark 的所有人的信息。

12. 主函数 main()

整个运动会管理系统控制部分。

8.4 系统源码

8.4.1 源码实现

```c
#include<stdio.h>
#include<stdlib.h>
#include<string.h>
/*宏定义*/
#define MAX 6                    //一个同学最多可同时参加的项目数
#define MAX_NUM_OF_STU 100       //参赛学生的最多人数
/*结构体定义*/
typedef struct student
{
    char id[15];                 //运动员编号
    char name[10];               //姓名
    char sex[5];                 //性别
    char major[15];              //所在系名称
    int projectMark[MAX];        //参加项目的编号
    int score[MAX];              //成绩记录表,最多同时记录 MAX 个项目的成绩
    int n;                       //判断是否被使用
}STU;

typedef struct Project
{
    char projectName[15];        //项目名称
}Proj;

/*全局变量声明*/
Proj p[MAX];                     //项目记录表
int Num;                         //记录项目总数
int STU_NUM=0;                   //记录学生总数

/*函数声明*/
void printMenu();                //打印菜单
void init(Proj p[]);             //设置本次运动会的项目名称
void addData(STU data[]);        //向结构体数组中添加运动员信息
int findDataById(STU data[],char ID[]);
                                 //按运动员编号查找,并返回其下标,未找到则返回-1
int findDataByName(STU data[],char Name[]);
                                 //按运动员姓名查找,并返回其下标,未找到则返回-1
void deleteData(STU data[],int index);    //删除下标为 index 的结点
void printNode(STU data[],int index);     //打印下标为 index 的结点的信息
void updata(STU data[],int index);        //修改下标为 index 的结点的信息
```

```c
void ScoreRegistration(STU data[],int index);        //给小标为 index 的结点录入成绩
void descendSort(STU data[],int mark);    //按第 mark 项目的成绩降序排序
void printProject(STU data[],int mark);   //打印参加项目序号为 mark 的所有人的信息

int main()
{
    int choice,temp,n,i;
    char str[15];
    STU data[MAX_NUM_OF_STU];
    for(i=0;i<100;i++)
        data[i].n=0;
    printf("初始化比赛信息\n");
    init(p);
    printf("初始化成功\n");
    system("pause");
    system("cls");
    while(1)
    {
        printMenu();                        //打印菜单
        scanf("%d",&choice);
        switch(choice)
        {
        case 1:
            {
                addData(data);
                printf("添加成功\n");
                system("pause");
                break;
            }
        case 2:
            {
                printf("按姓名查找输入 1,按编号查找输入 2\n");
                scanf("%d",&temp);
                if(temp==1)
                {
                    printf("请输入姓名\n");
                    fflush(stdin);
                    gets(str);
                    n=findDataByName(data,str);
                    if(n==-1)
                    {
                        printf("未找到\n");
                        system("pause");
                    }
                    else
```

```c
                {
                    printNode(data,n);
                    system("pause");
                    deleteData(data,n);
                }
            }
            else if(temp==2)
            {
                printf("请输入编号\n");
                fflush(stdin);
                gets(str);
                n=findDataById(data,str);
                if(n==-1)
                {
                    printf("未找到\n");
                    system("pause");
                }
                else
                {
                    printNode(data,n);
                    system("pause");
                    deleteData(data,n);
                }
            }
            else
            {
                printf("请输入有效选择\n");
                system("pause");
            }
            break;
        }
    case 3:
        {
            printf("输入将要修改信息的运动员的编号\n");
            fflush(stdin);
            gets(str);
            n=findDataById(data,str);
            if(n==-1)
            {
                printf("未找到\n");
            }
            else
            {
                printf("原有信息\n");
                printNode(data,n);
```

```c
                updata(data,n);
            }
            break;
        }
        case 4:
        {
            printf("输入运动员姓名\n");
            fflush(stdin);
            gets(str);
            n=findDataByName(data,str);
            if(n==-1)
            {
                printf("未找到\n");
            }
            else
            {
                printNode(data,n);
                ScoreRegistration(data,n);
            }
            break;
        }
        case 5:
        {
            printf("按姓名查询输入1,按编号查询输入2\n");
            scanf("%d",&temp);
            if(temp==1)
            {
                printf("输入姓名\n");
                fflush(stdin);
                gets(str);
                n=findDataByName(data,str);
                if(n==-1)
                {
                    printf("未找到");
                    system("pause");
                }
                else
                {
                    printNode(data,n);
                    system("pause");
                }
            }
            else if(temp==2)
            {
                printf("输入编号\n");
```

```c
                fflush(stdin);
                gets(str);
                n=findDataById(data,str);
                if(n==-1)
                {
                    printf("未找到\n");
                    system("pause");
                }
                else
                {
                    printNode(data,n);
                    system("pause");
                }
            }
            break;
        }
        case 6:
            {
                for(temp=0;temp<Num;temp++)
                {
                    printf("项目编号%d %s\t",temp,p[temp].projectName);
                }
                printf("\n输入想要统计的项目的编号\n");
                scanf("%d",&temp);
                descendSort(data,temp);
                printProject(data,temp);
                system("pause");
                break;
            }
        case 7:
            {
                exit(0);
                break;
            }
        }
        system("cls");                      //清空控制台
    }
    return 0;
}

/*函数实现*/

void printMenu()                            //打印菜单
{
    printf("|-------------------------------|\n");
```

```c
        printf("|              校运动会管理系统              |\n");
        printf("|--------------------------------|\n");
        printf("|      1-录入运动员信息            |\n");
        printf("|      2-删除运动员信息            |\n");
        printf("|      3-修改运动员信息            |\n");
        printf("|      4-更新运动员成绩            |\n");
        printf("|      5-查询运动员信息            |\n");
        printf("|      6-统计信息                  |\n");
        printf("|      7-退出系统                  |\n");
        printf("|                                  |\n");
        printf("|--------------------------------|\n");
        printf("输入序号选择功能:");
}

void init(Proj p[])                        //设置本次运动会的项目名称
{
    int i;
    printf("输入本次运动会的项目总数\n");
    scanf("%d",&Num);
    printf("输入本次运动会的项目\n");
    for(i=0;i<Num;i++)
    {
        fflush(stdin);
        gets(p[i].projectName);
    }
}


void addData(STU data[])                   //向结构体数组中添加运动员信息
{
    int i=0,j,temp;
    for(i=0; i<MAX_NUM_OF_STU; i++)        //找到为空的结点
    {
        if(data[i].n==0)                   //认为姓名为空就是空结点
        {
            data[i].n=1;
            break;
        }
    }
    printf("请输入运动员的编号:\n");
    fflush(stdin);                         //清空缓冲区,防止干扰
    gets(data[i].id);
    printf("请输入运动员的姓名\n");
    fflush(stdin);
    gets(data[i].name);
    printf("请输入运动员的性别\n");
```

```c
        fflush(stdin);
        gets(data[i].sex);
        printf("输入运动员的院系\n");
        fflush(stdin);
        gets(data[i].major);
        memset(&data[i].projectMark,0,sizeof(data[i].projectMark));
        memset(&data[i].score,0,sizeof(data[i].score));
        STU_NUM++;
        for(j=0;j<Num;j++)
        {
            printf("项目编号 %d %s \n",j,p[j].projectName);
        }
        printf("\n输入该运动员参与的项目的编号,输入-1结束\n");
        for(j=0;j<Num;j++)
        {
            scanf("%d",&temp);
            if(temp==-1)
            {
                break;
            }
            else
            {
                data[i].projectMark[temp]=1;
                data[i].score[temp]=0;
            }
        }
    }
}

int findDataById(STU data[],char ID[])    //按运动员编号查找,并返回其下标,未找到则返回-1
{
    int i;
    for(i=0;i<MAX_NUM_OF_STU;i++)
    {
        if(strcmp(data[i].id,ID)==0)
        {
            return i;
        }
    }
    return -1;
}

int findDataByName(STU data[],char Name[])
                            //按运动员姓名查找,并返回其下标,未找到则返回-1
{
    int i;
```

```c
    for(i=0;i<MAX_NUM_OF_STU;i++)
    {
        if(strcmp(data[i].name,Name)==0)
        {
            return i;
        }
    }
    return -1;
}

void deleteData(STU data[],int index)        //删除下标为 index 的结点的信息
{
    int i;
    STU_NUM--;
    for(i=index;i<MAX_NUM_OF_STU-1;i++)
    {
        data[i]=data[i+1];
    }
}


void printNode(STU data[],int index)         //打印下标为 index 的结点的信息
{
    int i;
    printf("编号 %s\n",data[index].id);
    printf("姓名 %s\n",data[index].name);
    printf("性别 %s\n",data[index].sex);
    printf("院系 %s\n",data[index].major);
    printf("参赛项目与得分\n");
    for(i=0;i<Num;i++)                       //Num 为运动项目总数
    {
        if(data[index].projectMark[i]==1)
        {
            printf("%s %d\n",p[i].projectName,data[index].score[i]);
        }
    }
    printf("\n");
}


void updata(STU data[],int index)            //修改下标为 index 的结点的信息
{
    int j,temp;
    printf("请输入新信息\n");
    printf("请输入运动员的编号: \n");
    fflush(stdin);                           //清空缓冲区,防止干扰
    gets(data[index].id);
```

```c
        printf("请输入运动员的姓名\n");
        fflush(stdin);
        gets(data[index].name);
        printf("请输入运动员的性别\n");
        fflush(stdin);
        gets(data[index].sex);
        printf("输入运动员的院系\n");
        fflush(stdin);
        gets(data[index].major);
        for(j=0;j<Num;j++)
        {
            printf("项目编号%d %s\t",j,p[j].projectName);
        }
        printf("\n输入该运动员参与的项目的编号,输入-1结束\n");
        for(j=0;j<Num;j++)
        {
            scanf("%d",&temp);
            if(temp==-1)
            {
                break;
            }
            else
            {
                data[index].projectMark[temp]=1;
                data[index].score[temp]=0;
            }
        }
    }

void ScoreRegistration(STU data[],int index)      //给下标为 index 的结点录入成绩
{
    int i;
    for(i=0;i<MAX;i++)
    {
        if(data[index].projectMark[i]==1)
        {
            printf("项目: %s\n成绩: ",p[i].projectName);
            scanf("%d",&data[index].score[i]);
        }
    }
}

void descendSort(STU data[],int mark)              //按第 mark 项目的成绩降序排序
{
    STU temp;
    int i,j;
    for(i=0;i<STU_NUM-1;i++)
```

```
        {
            for(j=0;j<STU_NUM-1-i;j++)
            {
                if(data[j].score[mark]<data[j+1].score[mark])
                {
                    temp=data[j];
                    data[j]=data[j+1];
                    data[j+1]=temp;
                }
            }
        }
    }
    void printProject(STU data[],int mark)        //打印参加项目序号为mark的所有人的信息
    {
        int i;
        for(i=0;i<STU_NUM;i++)
        {
            if(data[i].projectMark[mark]==1)
            {
                printNode(data,i);
            }
        }
    }
```

8.4.2 运行界面

1. 初始化界面

当用户刚运行校园运动会管理系统时,系统进行初始化设置。输入运动项目总数和运动项目,初始化成功显示如图 8.3 所示界面。

图 8.3 校园运动会管理系统初始化界面

2. 主界面

初始化成功后按 Enter 键,进入如图 8.4 所示系统主界面。

图 8.4 校园运动会管理系统主界面

3. 录入运动员信息

当输入序号 1 并按 Enter 键后,即可进入录入运动员信息界面。其录入信息过程如图 8.5 所示,当输入 −1 时,结束运动员信息录入,返回到主菜单界面。

图 8.5 录入运动员信息界面

4. 删除运动员信息

当输入序号 2 并按 Enter 键后,即可进入删除运动员信息界面。按姓名或编号查询要删除的运动员信息,如找到信息,则显示信息并删除,否则显示未找到,结束运动员信息删除后,返回到主菜单界面。其删除信息过程如图 8.6 所示。

图 8.6 删除运动员信息界面

5. 修改运动员信息

当输入序号 3 并按 Enter 键后,即可进入修改运动员信息界面。输入将要修改信息的运动员编号,如找到该学生,则显示该学生信息,并按提示将新的信息录入。其修改信息过程如图 8.7 所示。

图 8.7 修改运动员信息界面

6. 更新运动员成绩

当输入序号 4 并按 Enter 键后,即可进入更新运动员成绩界面。按姓名更新运动员成绩,录入新的成绩。其修改成绩过程如图 8.8 所示。

图 8.8　更新运动员成绩界面

7. 查询运动员信息

当输入序号 5 并按 Enter 键后,即可进入查询运动员信息界面。按姓名或编号查询要查找的运动员信息,如找到则显示信息,否则显示未找到,继续按任意键则返回到主菜单界面。其查找运动员信息过程如图 8.9～图 8.11 所示。

图 8.9　查询运动员信息界面(1)

图 8.10　查询运动员信息界面(2)

图 8.11　查询运动员信息界面(3)

8. 统计信息

当输入序号 6 并按 Enter 键后,即可进入统计信息界面。按运动项目进行统计成绩,输入相应运动项目编号,则按该项目成绩由高到低显示信息。显示完毕返回到主菜单界面。其统计信息过程如图 8.12 所示。

9. 退出系统

当输入序号 7 并按 Enter 键后,即可退出系统。其退出系统过程如图 8.13 所示。

图8.12 统计信息界面

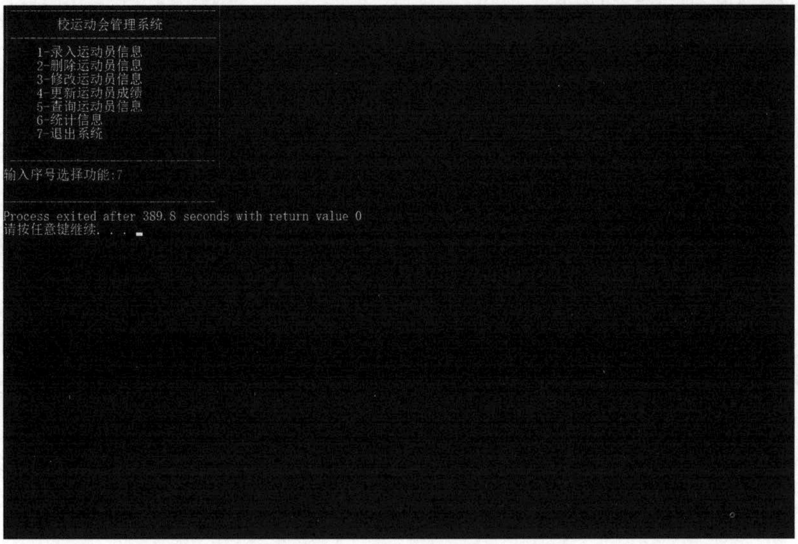

图8.13 退出系统界面

8.5 系统编程总结

本章介绍了校园运动会管理系统的设计思路及其编码实现。本章重点介绍了各功能模块的设计原理和利用数组及结构体实现对校园运动会管理系统的过程,旨在引导读者熟悉C语言的数组及结构体的操作。

利用本校园运动会管理系统可以对运动员及成绩进行管理,希望有兴趣的读者,可以对此程序进行改进,例如利用文件和指针方法来实现,使程序更加优化和完善。

第 9 章 图书管理系统

随着信息技术的发展和图书数量的增加,实现图书的自动化管理是大势所趋。目前,图书管理系统是实现图书管理工作系统化、规范化和自动化的有力工具,本章主要介绍带图形界面的图书管理系统的设计和实现。本章源代码在 Turbo C 2.0 下调试成功,由于个别图形函数 VC++ 不支持,所以不适合 VC++ 环境。

9.1 系统设计目的

利用 C 语言数据结构中的单链表及图形化界面设计思想,本章设计并实现了一个图形化界面的图书管理系统。在此管理系统中,用户可以通过快捷键来激活菜单项,完成图书信息管理、读者信息管理、图书借阅和图书归还处理工作。本程序旨在帮助读者进一步了解信息系统的开发流程;掌握文本模式下图形化界面的开发技巧;熟悉 C 语言中的指针、结构体和单链表的基本操作,为开发出更优秀的信息管理系统打下坚实的基础。

9.2 系统功能描述

如图 9.1 所示,本图书管理系统由六大功能模块组成:图形化界面模块、添加记录模块、查询记录模块、更新记录模块、统计记录模块、图书借阅与归还模块。

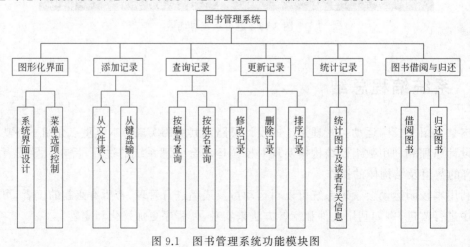

图 9.1 图书管理系统功能模块图

1. 图形化界面模块

图形化界面模块主要包括系统界面设计和菜单选项控制两大部分。系统界面主要由菜单栏、显示编辑区、状态栏三大部分构成。菜单栏用来显示菜单项；显示编辑区主要用来完成信息的显示和录入等操作；状态栏主要用来显示管理系统名称及版本信息。需要说明的是，图形化界面是在文本模式下实现的，很大程度上降低了编程的复杂性，提高了移植的灵活性。另外，菜单选项控制是图形化界面的灵魂，需要根据用户对菜单项的选择来调用相关函数，完成相应的功能。

2. 添加记录模块

添加记录模块涉及图书信息和读者信息的输入，其工作分两步完成。第一步，将图书和读者有关的信息添加到相应的单链表中；第二步，在系统退出前，系统自动将信息保存至不同的文件中。

3. 查询记录模块

查询记录模块主要完成在图书信息和读者信息中查找满足相关条件的记录。在图书管理系统中，用户可以按照图书编号或名称进行查找，也可按照读者编号或姓名进行查找。

4. 更新记录模块

更新记录模块主要完成对记录的维护。在图书管理系统中，该模块主要实现了对记录的修改、删除和排序操作。另外，当完成借阅和归还处理时，相应的图书信息和读者信息也需要更新。

5. 统计记录模块

统计记录模块主要完成对图书及读者有关信息的统计。

6. 图书借阅与归还模块

图书借阅与归还模块主要完成图书借阅和归还两个功能：第一，在确定借阅者为注册读者和读者借阅数量没有超过借阅数量上限，并且需借阅图书当前为可借状态时，才执行相应的图书借阅工作。第二，图书归还在根据用户输入的读者编号和图书名找到相关记录后，对相应的字段进行更新。

9.3 系统总体设计

9.3.1 功能模块

1. 主控 main() 函数执行流程

图书管理系统执行主流程如图 9.2 所示。首先调用 drawmain() 函数来显示主界面，主界面涉及菜单栏、显示编辑区和状态栏,其中菜单栏包括 Book、Reader 和 B&R 三个菜单项。接着,以可读写的方式打开图书文件和读者文件,文件默认路径为 C:\\book 和 C:\\reader。当打开文件操作成功后,则从文件中一次读出一条记录,添加到新建的单链表中。然后进入主循环操作,等待用户按键,并进行按键判断。

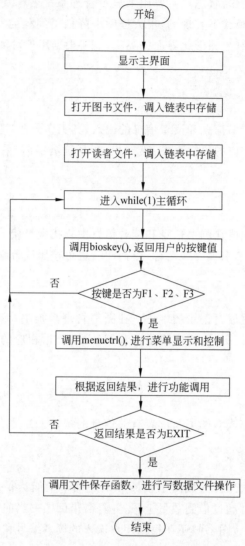

图 9.2 主控 main()执行流程图

在主循环中进行按键值的判断时,有效按键为 F1、F2、F3,其他都被视为无效键。若用户按键为 F1、F2、F3 中的任意键,则调用菜单控制函数 menuctrl(),进行菜单项的显示和控制。在菜单控制中,若用户按键为 F1,则显示 Book 菜单项下的 6 个子菜单项,并用黑色透明光带条标记当前的子菜单项,用户可以按光标上移(↑)和下移(↓)键在各子菜单项之间进行选择;若用户按键为 F2,则显示 Reader 菜单项下的 6 个子菜单项;按键为 F3,则显示 B&R 菜单项下的 3 子菜单项,其中 B 表示 Borrow 借书,R 表示 Return 还书。同时,用户可以按光标左移键(←)在菜单项之间循环左移选择,也可以按光标右移键(→)在菜单项之间循环右移选择，还也可按 Esc 键返回没有调用子菜单项的主界面。另外，用户在移动光带条到相应子菜单项后，按 Enter 键进行功能选择。系统根据用户选择的菜单项结果，调用相应的函数完成相应功能。

若选择 Book 的子菜单项，系统则返回 ADD_BOOK、QUERY_BOOK、MODIFY_BOOK、DEL_BOOK、SORT_BOOK、COUNT_BOOK 中的某个值，然后根据这些返回值，调用相应的函数分别完成增加图书记录、查询图书记录、修改图书记录、删除图书记录、排序图书记录和统计图书记录功能。

若选择 Reader 的子菜单项，系统则返回 ADD_READER、QUERY_READER、MODIFY_READER、DEL_READER、SORT_READER、COUNT_READER 中的某个值，然后根据这些返回值，调用相应的函数完成增加读者记录、查询读者记录、修改读者记录、删除读者记录、排序读者记录和统计读者记录功能。

若选择 B&R 的子菜单项，系统则返回 BORROW_BOOK、RETURN_BOOK、EXIT 中的某个值，根据返回结果，分别完成借书、还书和退出系统功能。在退出系统时，系统会提示用户进行确认，确认完成后，执行相应的数据存盘操作后退出系统。

2．图形化界面模块

图形化界面模块主要完成系统界面显示和菜单选项控制两大部分。

1）系统界面

图书管理系统界面由菜单栏、显示编辑区、状态栏三大部分构成。这些区域的绘制主要由 drawmain() 函数完成。不同于图形模式下的画线和画框操作，文本模式下的图形界面主要利用在指定位置输出特殊字符和不同前背景颜色来实现，其中指定位置可通过 gotoxy() 函数实现，特殊字符可通过 cprintf() 函数指定字符的 ASCII 码来获得，背景颜色可通过 textbackground() 函数来指定，文本颜色可通过 textcolor() 函数来实现。图书管理系统共有 Book、Reader、B&R 三个菜单项，用户可分别按 F1、F2、F3 功能键来完成这三个菜单项的调用，即显示某项菜单。用户可按光标上移(↑)和下移(↓)键在某菜单项的子菜单之间循环移动，也可使用光标的左移键(←)或右移键(→)在三个菜单项之间循环移动。当光带移动到某个子菜单项上时，用户则可使用 Enter 键来选取相关菜单选项。

2）菜单控制

在菜单控制模块中，它主要完成了子菜单的显示、光带条在子菜单之间的上下移动或菜单之间的左右移动、子菜单项的选取。下面分别介绍这三项功能的具体实现。

(1) 显示子菜单项。用户可按 F1、F2、F3 功能键来分别调用 Book、Reader、B&R 三个菜单的子菜单项。在 menuctrl() 函数中，它会根据功能键的键值调用 drawmenu(value, flag) 函数，参数 value、flag 分别用来保存调用某个菜单下的第几个菜单选项。

(2) 移动菜单光带条。当用户按 F1、F2、F3 中的某个功能键调用了某个菜单后，可继续按光标左移、右移、上移和下移键来实现菜单之间的切换和菜单选项之间的切换。若为左移键，它将调用 drawmenu(--value, flag) 函数，将切换至某个菜单的左边邻居菜单。若当前菜单为最左边的 Book 菜单，它将切换至最右边的 B&R 菜单。若为右移键，它将调用 drawmenu(++value, flag) 函数。若为上移键，它将调用 drawmenu(value, --flag) 函数；若为下移键，它将调用 drawmenu(value, ++flag) 函数。

(3) 选取菜单。当用户将光带选择条置于某个菜单选项上时，可按回车键来选取该菜单选项。选取菜单操作的实现比较简单，它主要利用 a=(value%3)*10+flag%b 来计算出选择的菜单选项的编号。不同菜单选项选取后可将不同的 a 值，返回给 main() 函数做不同的标记执行不同的功能。

3. 添加记录模块

添加记录模块涉及图书信息和读者信息的输入，当从某数据文件中读入记录时，它就是在以记录为单位存储的数据文件中。调用 fread(p,sizeof(Node),1,fp) 文件读取函数，将记录逐条复制到单链表中。这里的字符串采用了独立的函数来实现，在函数中完成输入数据任务，并对输入进行条件判断。

4. 查询记录模块

查询记录模块主要实现了图书管理系统中按编号或名称查找满足相关条件的记录。图书和读者的查询分别通过调用 QueryBook(l) 和 QueryReader(ll) 来实现。其中，l 为 Book_Link 类型的指针变量，ll 为 Read_Link 类型的指针变量。查找定位操作由 Book_Node * Locate(Book_Link l, char findmess[], char nameornum[]) 和 Reader_Node * LocateReader(Reader_Link l, char findmess[], char nameornum[]) 两个函数完成。

5. 更新记录模块

更新记录模块主要实现了对记录的修改、删除和排序操作，这些操作都在单链表中完成的。下面分别介绍这些功能模块。

1) 修改记录

修改记录操作需要对单链表中的目标结点的数据域中的值进行修改。首先，输入要修改的编号，输入后调用定位函数 Locate() 或 LocateReader() 在单链表中逐个对结点数据域中的编号字段的值进行比较，直到找到该编号的记录。之后，若找到该记录，修改除编号之外的相应字段的值，并将存盘标记变量 saveflag 置 1，表示已经对记录进行了修改，但还未执行存盘操作。

2) 删除记录

删除记录操作完成删除指定编号或名称的记录。首先，输入要修改的编号或名称，输入后调用定位函数 Locate() 或 LocateReader() 在单链表中逐个对结点数据域中的编号或名称字段的值进行比较，直到找到该编号或名称的记录，返回指向该记录的指针之后，若找到该记录，将该记录所在结点的前驱结点的指针域指向目标结点的后继结点。具体执行过程如图 9.3 所示。

图 9.3 单链表中删除结点示意图

3) 记录排序

排序是指对记录按某关键字段进行顺序的重新排列。这里我们采用直接选择排序法对图书记录和读者记录进行排序。

直接选择排序的基本思想：从要排序的 n 个元素中，以线性查找的方式找出最小的元素和第一个元素交换，再从剩下的(n-1)个元素中，找出最小的元素和第二个元素交换，以此类推，直到所有元素均已排序完成。

6. 统计记录模块

统计记录模块主要完成了对图书及读者有关信息的统计。它的实现相对简单，主要通过循环读取指针变量所指的当前的结点的数据域中的各字段的值，并对各个字段进行逐个判断或累加的形式实现，使用户对当前的图书情况和读者情况有一个宏观的了解。

7. 图书借阅与归还模块

1) 图书借阅模块

图书借阅模块只要在确认满足相应条件时，才执行相应的图书借阅工作。这些条件包括：借阅者为注册读者、读者借阅数量没有超过借阅数量上限、需借阅图书当前处于可借状态。需要说明的是，本程序中设定的上限为每人可共借 20 本。

2) 图书归还模块

与图书借阅模块类似，图书归还模块首先提示用户输入读者编号，系统查询该读者编号是否已经存在，若不存在则不允许执行还书操作。然后提示用户输入归还图书的名称，查询该图书是否为已借状态，同时与输入的读者编号一致，若任意条件不满足则不允许执行还书操作。若条件满足，才执行相应的图书归还工作。

9.3.2 数据结构

1. 与图书有关的结构体

```
typedef struct book          /*标记为 book*/
{ char num[15];              /*图书编号*/
  char name[15];             /*图书名*/
  char author[15];           /*图书作者*/
  char publish[15];          /*出版社*/
  float price;               /*图书定价*/
  int borrow_flag;           /*图书是否借出,1 表示借出,0 表示未借出*/
  char reader[12];           /*借阅人编号*/
  int total_num;             /*图书被借次数*/
};
```

2. 与读者有关的结构体

```
typedef struct reader        /*标记为 reader*/
{ char num[12];              /*读者编号,如可按注册日期中的顺序,如 2010-10-1*/
  char name[15];             /*读者姓名*/
  char sex[4];               /*读者性别 M 或 F,Male:男性,Female:女性*/
  int age;                   /*读者年龄*/
  char tele[15];             /*读者联系电话*/
```

```
    int total_num;              /*读者目前已借图书册数*/
};
```

3. 单链表 book_node 结构体

```
typedef struct book_node      /*定义每条图书记录的结构体,标记为: book_node*/
{ struct book data;           /*数据域*/
  struct book_node * next;    /*指针域*/
}Book_Node, * Book_Link;
```

4. 单链表 reader_node 结构体

```
typedef struct reader_node    /*定义每条读者记录的结构体,标记为: reader_node*/
{ struct reader data;         /*数据域*/
  struct reader_node * next;  /*指针域*/
}Reader_Node, * Reader_Link;
```

9.3.3 各函数功能

1. drawmain()

函数原型:

```
void drawmain()
```

功能:drawmain()函数用于在程序中绘制包括菜单栏、显示编辑区、状态栏在内的主窗口。

2. drawmenu()

函数原型:

```
void drawmenu(int m, int n)
```

功能:drawmenu()函数用于画菜单,m 表示第几项菜单,n 表示第 m 项的第 n 个子菜单项。

3. menuctrl()

函数原型:

```
int menuctrl(Hnode * Hhead, int A)
```

功能:menuctrl()函数用于菜单控制。

4. stringinput()

函数原型:

```
void stringinput(char * t, int lens, char * notice)
```

功能:stringinput()函数用于输入字符串,并进行字符串长度验证(长度<lens)。

5. Locate()

函数原型：

```
Book_Node * Locate(Book_Link l, char findmess[], char nameornum[]) Locate()
```

功能：函数用于定位链表中符合要求的结点,并返回指向该结点的指针。参数 findmess[]保存要查找的具体内容,nameornum[]保存按什么字段在单链表 l 中查找。

6. LocateReader()

函数原型：

```
Reader_Node * LocateReader(Reader_Link l, char findmess[], char nameornum[])
```

功能：LocateReader()的作用类似于 Locate()函数。

7. AddBook()

函数原型：

```
void AddBook(Book_Link l)
```

功能：AddBook()函数用于在单链表 l 中增加与图书有关的结点。

8. QueryBook()

函数原型：

```
void QueryBook(Book_Link l)
```

功能：QueryBook()函数用于在单链表 l 中按图书编号或图书名查找满足条件的记录。

9. DelBook()

函数原型：

```
void DelBook(Book_Link l)
```

功能：DelBook()函数用于先在单链表 l 中找到满足条件的结点,然后删除该结点。

10. ModifyBook()

函数原型：

```
void ModifyBook(Book_Link l)
```

功能：ModifyBook()函数先按输入的图书编号查询到记录,然后提示用户修改记录。

11. CountBook()

函数原型：

```
void CountBook(Book_Link l)
```

功能：CountBook()函数用于统计图书数量，已借出图书数，借出次数最多的图书名。

12. SortBook()

函数原型：

```
void SortBook(Book_Link l)
```

功能：SortBook()函数利用直接选择排序法实现按图书价格字段的升序排序，从低到高。

13. SaveReader()

函数原型：

```
void SaveReader(Reader_Link l)
```

功能：SaveReader()函数用于将单链表 l 中的数据写入磁盘中的数据文件。

14. AddReader()

函数原型：

```
void AddReader(Reader_Link l)
```

功能：AddReader()函数用于在单链表 l 中增加与读者有关的结点。

15. QueryReader()

函数原型：

```
void QueryReader(Reader_Link l)
```

功能：QueryReader()函数用于在单链表 l 中按读者编号或读者名查找满足条件的记录。

16. DelReader()

函数原型：

```
void DelReader(Reader_Link l)
```

功能：DelReader()函数用于先在单链表 l 中找到满足条件的结点，然后删除该结点。

17. ModifyReader()

函数原型：

```
void ModifyReader(Reader_Link l)
```

功能：ModifyReader()函数先按输入的读者编号查询到记录，然后提示用户修改记录。

18. CountReader()

函数原型：

```
void CountReader(Reader_Link l)
```

功能：CountReader()函数用于统计读者的总数量，男性读者和女性读者的数量，统计目前借书数最多的读者名。

19. SortReader()

函数原型：

void SortReader(Reader_Link l)

功能：SortReader()函数利用直接选择排序法实现按读者编号字段的升序排序，从低到高。

20. SaveReader()

函数原型：

void SaveReader(Reader_Link l)

功能：SaveReader()函数用于将单链表l中的数据写入磁盘中的数据文件。

21. BorrowBook()

函数原型：

void BorrowBook(Book_Link l, Reader_Link ll)

功能：BorrowBook()函数实现图书借阅工作。

22. ReturnBook()

函数原型：

void ReturnBook(Book_Link l, Reader_Link ll)

功能：ReturnBook()函数实现图书归还工作。

23. 主函数 main()

整个图书管理系统的主要控制部分。

9.4 系统源码

9.4.1 源码实现

1. 程序预处理

程序预处理包括加载头文件，定义结构体、常量和变量，并对它们进行初始化工作。

```
#include"math.h"          /*数学运算函数库*/
#include"stdio.h"         /*标准输入输出函数库*/
```

```c
#include"stdlib.h"            /*标准函数库*/
#include"string.h"            /*字符串函数库*/
#include"conio.h"             /*屏幕操作函数库*/
/*定义与图书有关的数据结构*/
typedef struct book           /*标记为 book*/
{ char num[15];               /*图书编号*/
  char name[15];              /*图书名*/
  char author[15];            /*图书作者*/
  char publish[15];           /*出版社*/
  float price;                /*图书定价*/
  int borrow_flag;            /*图书是否借出,1表示借出,0表示未借出*/
  char reader[12];            /*借阅人编号*/
  int total_num;              /*图书被借次数*/
}
/*定义与读者有关的数据结构*/
typedef struct reader         /*标记为 reader*/
{ char num[12];               /*读者编号,如可按注册日期中的顺序,如 2010-10-1*/
  char name[15];              /*读者姓名*/
  char sex[4];                /*读者性别 M 或 F,Male:男性,Female:女性*/
  int age;                    /*读者年龄*/
  char tele[15];              /*读者联系电话*/
  int total_num;              /*读者目前已借图书册数*/
}
/*定义每条图书记录的数据结构,标记为:book_node*/
  typedef struct book_node
{ struct book data;           /*数据域*/
  struct book_node * next;    /*指针域*/
}Book_Node, * Book_Link;
/*定义每条读者记录的数据结构,标记为:reader_node*/
typedef struct reader_node
{ struct reader data;         /*数据域*/
  struct reader_node * next;  /*指针域*/
}Reader_Node, * Reader_Link;
```

2. 主函数 main()

main()函数主要实现对整个程序的运行控制和相关功能模块的调用。

```c
void main()                   /*主函数*/
{ Book_Link l;
  Reader_Link l1;
  FILE * fp1, * fp2;          /*fp1为指向图书的文件指针,fp2为指向读者的文件指*/
  char ch;
  int i,count1=0,count2=0;    /*分别保存图书文件或读者文件中的记录条数*/
  Book_Node * p, * r;
  Reader_Node * p2, * r2;
```

```c
    int A,B;
    char a;                       /*保存用户的按键值*/
    drawmain();
    window(2,2,79,23);
    textbackground(9);
       for(i=0;i<24;i++)
            insline();
    window(3,3,78,23);
    textcolor(10);
/*************打开图书文件book,将其调入链表中存储*************************/
    l=(Book_Node*)malloc(sizeof(Book_Node));
    if(!l)
    { clrscr();
      gotoxy(2,3);
      printf("\n allocate memory failure ");
      return;                     /*返回主界面*/
    }
     l->next=NULL;
     r=l;
     fp1=fopen("C:\\book","ab+");
        if(fp1==NULL)
         { clrscr();
           gotoxy(2,3);
           printf("\n=====>Can not open file!\n");
           exit(0);
         }
      while(!feof(fp1))
       { p=(Book_Node*)malloc(sizeof(Book_Node));
        if(!p)
    { clrscr ();
      gotoxy(2,3);
      printf(" memory malloc failure!\n");
      exit (0) ;
    }
     if(fread(p,sizeof(Book_Node),1,fp1)==1)   /*一次从文件中读取一条图书记录*/
     { p->next=NULL;
       r->next=p;
       r=p;                                    /*r指针向后移一个位置*/
       count1++;
     }
    }
    fclose(fp1);
    printf("\n=====>open file sucess,the total records number is : %d.\n",count1);
    p=r;   /*************打开图书文件reader,将其调入链表中存储****************/
          while(1)
```

```
            { while(bioskey(1)==0)   continue;   /*等待用户按键*/
              a=A=bioskey(0);                    /*返回用户的按键值*/
              if((A==F1)||(A==F2)||(A==F3))
              { B=menuctrl(A);
                    switch(B)
                      { case ADD_BOOK: AddBook(l);       break;   /*增加记录*/
                        case MODIFY_BOOK:ModifyBook(l);  break;   /*修改记录*/
                        case DEL_BOOK:DelBook(l);        break;   /*删除记录*/
                        case SORT_BOOK:SortBook(l);      break;   /*排序记录*/
                        case COUNT_BOOK:CountBook(l);    break;   /*统计记录*/
                        case EXIT: {   clrscr();
                                       gotoxy(3,3);
                                       cprintf("\n=====>Are you really exit the
                                       Book Management System?(y/n):");
                                       scanf("%c",&ch);
                                       if(ch=='Y'||ch=='y')
                                       { SaveBook(l);
                                         exit(0);
                                       }
                                   }
                      }
              }
          }
          clrscr();
        }
      }
```

3. 绘制系统主界面

图书管理系统界面由菜单栏、显示编辑区、状态栏三大部分构成。这些区域的绘制主要由 drawmain()函数完成。不同于图形模式下的画线和画框操作,文本模式下的图形界面主要利用在指定位置输出特殊字符和不同前背景颜色来实现,其中指定位置可通过 gotoxy()函数实现,特殊字符可通过 cprintf()函数指定字符的 ASCII 码来获得,背景颜色可通过 textbackground()函数来指定,文本颜色可通过 textcolor()函数来实现。

```
    void drawmain()                  /*系统主界面*/
    { int i,j;
      gotoxy(1,1);                   /*在文本窗口中设置光标至(1,1)处*/
      textbackground(7);             /*选择新的文本背景颜色,7为LIGHTGRAY淡灰色*/
      textcolor(0);                  /*在文本模式中选择新的字符颜色0为BLACK黑*/
      insline();
        for(i=1;i<=24;i++)
        { gotoxy(1,1+i);
          cprintf("%c",196);         /*在窗口左边输出-,即画出主窗口的左边界*/
          gotoxy(80,1+i);
          cprintf("%c",196);         /*在窗口右边,输出-,即画出主窗口的右边界*/
        }
```

```
        for(i=1;i<=79;i++)
        { gotoxy(1+i,2);
          cprintf("%c",196);                        /*在窗口顶端,输出-*/
          gotoxy(1+i,25);
          cprintf("%c",196);                        /*在窗口底端,输出-*/
        }
        gotoxy(1,1);      cprintf("%c",196);        /*在窗口左上角,输出-*/
        gotoxy(1,24);     cprintf("%c",196);        /*在窗口左下角,输出-*/
        gotoxy(80,1);     cprintf("%c",196);        /*在窗口右上角,输出-*/
        gotoxy(80,24);    cprintf("%c",196);        /*在窗口右下角,输出-*/
        gotoxy(7,1);      cprintf("%c %c Book %c %c",179,17,16,179);
        gotoxy(27,1);     cprintf("%c %c Reader %c %c",179,17,16,179);
        gotoxy(47,1);     cprintf("%c %c B&R %c %c",179,17,16,179);
        gotoxy(5,25);
        textcolor(1);
        cprintf(" Book Management System");
        gotoxy(68,25);
        cprintf("Version 2.0");
    }
```

4. 菜单控制

菜单控制的工作由 menuctrl(int A)函数和 drawmenu(int m,int n)函数配合完成。

(1) 通过 drawmenu(int m,int n)函数,可完成第 m%3 项菜单的绘制,并将光带置于第 m%3 项的第 n%b 个菜单选项上,b 为相应菜单所拥有的菜单选项个数。

```
    void drawmenu(int m,int n)          /*画菜单,m:第几项菜单,n:第m项的第n个子菜单*/
    { int i;
      if(m%3==0)
      { window(8,2,19,9);
        textcolor(0);
        textbackground(7);
        for(i=0;i<7;i++)
        { gotoxy(1,1+i);
          insline();
        }
 window(1,1,80,25);
    gotoxy(7,1);
    for(i=1;i<=7;i++)
    { gotoxy(8,1+i);
      cprintf("%c",179);            /*窗口内文本的输出函数,在窗口左边输出|*/
      gotoxy(19,1+i);
      cprintf("%c",179);            /*窗口内文本的输出函数,在窗口右边输出|*/
    }
    for(i=1;i<=11;i++)
     { gotoxy(8+i,2);
       cprintf("%c",196);           /*窗口内文本的输出函数,在窗口上边输出-*/
```

```c
        gotoxy(8+i,9);
        cprintf("%c",196);         /*窗口内文本的输出函数,在窗口下边输出-*/
      }
    textbackground(0);
    gotoxy(10,10);
    cprintf("            ");       /*输出下边的阴影效果*/
    for(i=0;i<9;i++)
      { gotoxy(20,2+i);
        cprintf (" ");             /*输出右边的阴影效果*/
      }
    textbackground(7);
    gotoxy(8,2);     cprintf("%c",218);
    gotoxy(8,9);     cprintf("%c",192);
    gotoxy(19,2);    cprintf("%c",191);
    gotoxy(19,9);    cprintf("%c",217);
    gotoxy(9,3);     cprintf(" ADD    ");
    gotoxy(9,4);     cprintf(" Query  ");
    gotoxy(9,5);     cprintf(" Modify ");
    gotoxy(9,6);     cprintf(" Delete ");
    gotoxy(9,7);     cprintf(" Sort   ");
    gotoxy(9,8);     cprintf(" Count  ");
    textcolor(15);
    textbackground(0);
    gotoxy(7,1);
    cprintf (" %c %c Book %c %c", 179,17,16,179);
    switch(n%6)
      { case 0:gotoxy(9,3);  cprintf(" ADD    "); break;
        case 1:gotoxy(9,4);  cprintf(" Query  "); break;
        case 2:gotoxy(9,5);  cprintf(" Modify "); break;
        case 3:gotoxy(9,6);  cprintf(" Delete "); break;
        case 4:gotoxy(9,7);  cprintf(" Sort   "); break;
        case 5:gotoxy(9,8);  cprintf(" Count  "); break;
      }
  }
if(m%3==1)                         /*画 Reader 菜单项*/
{ window(28,2,39,9);
  textcolor(0);
  textbackground(7);
for(i=0;i<7;i++)
{ gotoxy(1,1+i);
  insline();
}
window(1,1,80,25);
gotoxy(27,1);
  for(i=1;i<=7;i++)
```

```c
   { gotoxy(28,1+i);
     cprintf("%c", 179);
     gotoxy(39,1+i);
     cprintf("%c", 179);
   }
   for(i=1;i<=11;i++)
    { gotoxy(28+i,2);
      cprintf ("%c",196);
      gotoxy(28+i,9);
      cprintf ("%c",196);
    }
   textbackground(0);
   gotoxy(30,10);
   cprintf ("              ");
   for(i=0;i<9;i++)
   { gotoxy(40,2+i);
     cprintf("");
   }
   textbackground(7);
   gotoxy(28,2);    cprintf("%c",218);
   gotoxy(28,9);    cprintf("%c",192);
   gotoxy(39,2);    cprintf("%c",191);
   gotoxy(39,9);    cprintf("%c",217);
   gotoxy(29,3);    cprintf(" Add   ");
   gotoxy(29,4);    cprintf(" Query ");
   gotoxy(29,5);    cprintf(" Modify ");
   gotoxy(29,6);    cprintf(" Delete ");
   gotoxy(29,7);    cprintf(" Sort  ");
   gotoxy(29,8);    cprintf(" Count ");
   textbackground(0);
   textcolor(15);
      gotoxy(27,1);
   cprintf (" %c %c Reader %c %c", 179,17,16,179);
   switch(n%6)
   { case 0:gotoxy(29,3);   cprintf("  ADD   ");   break;
     case 1:gotoxy(29,4);   cprintf(" Query  ");   break;
     case 2:gotoxy(29,5);   cprintf(" Modify ");   break;
     case 3:gotoxy(29,6);   cprintf(" Delete ");   break;
     case 4:gotoxy(29,7);   cprintf(" Sort   ");   break;
     case 5:gotoxy(29,8);   cprintf(" Count  ");
   }
  }
  if(m%3==2)
{ window(48,2,59,9);
  textcolor(0);
```

```c
    textbackground(7);
for(i=0;i<7;i++)
{ gotoxy(1,1+i);
  insline();
}
window(1,1,80,25);
gotoxy(47,1);
  for(i=1;i<=7;i++)
  { gotoxy(48,1+i);
    cprintf("%c", 179);
    gotoxy(59,1+i);
    printf("%c", 179);
  }
  for(i=1;i<=11;i++)
   { gotoxy(48+i,2);
     cprintf ("%c",196);
     gotoxy(48+i,8);
     cprintf ("%c",196);
   }
   textbackground(0);
   gotoxy(50,9);
   cprintf ("          ");
   for(i=0;i<8;i++)
   { gotoxy(60,2+i);
     cprintf("");
   }
   textbackground(7);
  gotoxy(48,2);   cprintf("%c",218);
  gotoxy(48,8);   cprintf("%c",218);
  gotoxy(59,2);   cprintf("%c",191);
  gotoxy(59,8);   cprintf("%c",217);
  gotoxy(49,3);   cprintf(" Borrow   ");
  gotoxy(50,5);   cprintf(" Return   ");
  gotoxy(50,7);   cprintf(" Exit    ");
  for(i=1;i<=10;i++)
  { gotoxy(48+i,4);
    cprintf("%c",196);
  }
  for(i=1;i<=10;i++)
   { gotoxy(48+i,6);
     cprintf("%c",196);
   }
   textcolor(15);
   textbackground(0);
   gotoxy(47,1);
```

```
        cprintf (" %c %c B&R %c %c", 179,17,16,179);
        switch(n%3)
        { case 0:gotoxy(49,3);    cprintf("  Borrow   ");     break;
          case 1:gotoxy(49,5);    cprintf("  Return   ");     break;
          case 2:gotoxy(49,7);    cprintf("   Exit    ");
        }
    }
}
```

（2）通过 int menuctrl(int A)函数，可完成调用菜单、移动菜单光带条和选取菜单选项的任务，并将选择的结果以宏定义的整数形式返回给 main()函数。

```
int menuctrl(int A)                          /*菜单控制*/
{ int x,y,i,B,value,flag=36,a,b;
  x=wherex();
  y=wherey();
    if(A==F1)
    { drawmenu(0,flag);   value=300; }
    if(A==F2)
    { drawmenu(1,flag);   value=301; }
    if(A==F3)
    { drawmenu(2,flag);   value=302; }
    if(A==F1||A==F2||A==F3)
    { while((B=bioskey(0))!=ESC)
       { if(flag==0)    flag=36;
         if(value==0)   value=300;
         if(B==UP)     drawmenu (value,--flag);
         if(B==DOWN)   drawmenu (value,++flag);
         if(B==LEFT)                         /*菜单项之间循环选择(左移)*/
          { flag=36;
            drawmain();
            window(2,2,79,23);
            textbackground(9);
             for(i=0;i<24;i++)
                 insline();
            window(3,3,78,23);
            textcolor(10);
            drawmenu(--value,flag);
          }
         if(B==RIGHT)                        /*菜单项之间循环选择(右移)*/
          { flag=36;
            drawmain();
            window(2,2,79,23);
            textbackground(9);
            for(i=0;i<24;i++)
                 insline();
```

```
                    window(3,3,78,23);
                    textcolor(10);
                    drawmenu(++value,flag);
                }
            if(B==ENTER)
            { if(value%3==0) b=6;
              if(value%3==1) b=6;
              if(value%3==2) b=3;
              a=(value%3) * 10+flag%b;
              drawmain();
              window(2,2,79,23);
              textbackground(9);
              for(i=0;i<24;i++)
                  insline();
              window(3,3,78,23);
              textcolor(10);
               gotoxy(x,y);
               if(a==0)     return ADD_BOOK;
               if(a==1)     return QUERY_BOOK;
               if(a==2)     return MODIFY_BOOK;
               if(a==3)     return DEL_BOOK;
               if(a==4)     return SORT_BOOK;
               if(a==5)     return COUNT_BOOK;
               if(a==10)    return ADD_READER;
               if(a==11)    return QUERY_READER;
               if(a==12)    return MODIFY_READER;
               if(a==13)    return DEL_READER;
               if(a==14)    return SORT_READER;
               if(a==15)    return COUNT_READER;
               if(a==20)    return BORROW_BOOK;
               if(a==21)    return RETURN_BOOK;
               if(a==22)    return EXIT;
            }
            gotoxy(x+2,y+2);
        }
        drawmain();
        window(2,2,79,23);
        textbackground(9);
        for(i=0;i<24;i++)
            insline();
        window(3,3,78,23);
        textcolor(10);
        gotoxy(x,y);
    }
    return A;
```

}

```c
void drawmenu(int m,int n)            /*画菜单,m:第几项菜单,n:第m项的第n个子菜单*/
{ int i;
   if(m%3==0)
{ window(8,2,19,9);
    textcolor(0);
    textbackground(7);
    for(i=0;i<7;i++)
{ gotoxy(1,1+i);
     insline();
}
window(1,1,80,25);
   gotoxy(7,1);
   for(i=1;i<=7;i++)
{ gotoxy(8,1+i);
    cprintf("%c",179);              /*窗口内文本的输出函数,在窗口左边输出|*/
    gotoxy(19,1+i);
    cprintf("%c",179);              /*窗口内文本的输出函数,在窗口右边输出|*/
  }
  for(i=1;i<=11;i++)
{ gotoxy(8+i,2);
    cprintf("%c",196);              /*窗口内文本的输出函数,在窗口上边输出-*/
    gotoxy(8+i,9);
    cprintf("%c",196);              /*窗口内文本的输出函数,在窗口下边输出-*/
  }
  textbackground(0);
  gotoxy(10,10);
  cprintf("          ");            /*输出下边的阴影效果*/
   for(i=0;i<9;i++)
{ gotoxy(20,2+i);
     cprintf (" ");                 /*输出右边的阴影效果*/
  }
  textbackground(7);
  gotoxy(8,2);    cprintf("%c",218);
  gotoxy(8,9);    cprintf("%c",192);
  gotoxy(19,2);   cprintf("%c",191);
  gotoxy(19,9);   cprintf("%c",217);
  gotoxy(9,3);    cprintf(" ADD    ");
  gotoxy(9,4);    cprintf(" Query  ");
  gotoxy(9,5);    cprintf(" Modify ");
  gotoxy(9,6);    cprintf(" Delete ");
  gotoxy(9,7);    cprintf(" Sort   ");
  gotoxy(9,8);    cprintf(" Count  ");
  textcolor(15);
```

```c
        textbackground(0);
        gotoxy(7,1);
        cprintf (" %c %c Book %c %c", 179,17,16,179);
        switch(n%6)
    { case 0:gotoxy(9,3);    cprintf("  ADD   ");   break;
        case 1:gotoxy(9,4);  cprintf(" Query  ");   break;
        case 2:gotoxy(9,5);  cprintf(" Modify ");   break;
        case 3:gotoxy(9,6);  cprintf(" Delete ");   break;
        case 4:gotoxy(9,7);  cprintf(" Sort   ");   break;
        case 5:gotoxy(9,8);  cprintf(" Count  ");   break;
    }
}
    if(m%3==1)                       /*画 Reader 菜单项*/
    { window(28,2,39,9);
      textcolor(0);
      textbackground(7);
    for(i=0;i<7;i++)
    { gotoxy(1,1+i);
    insline();
    }
    window(1,1,80,25);
    gotoxy(27,1);
        for(i=1;i<=7;i++)
        { gotoxy(28,1+i);
            cprintf("%c", 179);
            gotoxy(39,1+i);
            cprintf("%c", 179);
        }
        for(i=1;i<=11;i++)
         { gotoxy(28+i,2);
           cprintf ("%c",196);
           gotoxy(28+i,9);
           cprintf ("%c",196);
         }
        textbackground(0);
        gotoxy(30,10);
        cprintf ("          ");
        for(i=0;i<9;i++)
        { gotoxy(40,2+i);
          cprintf("");
        }
        textbackground(7);
        gotoxy(28,2);   cprintf("%c",218);
        gotoxy(28,9);   cprintf("%c",192);
        gotoxy(39,2);   cprintf("%c",191);
```

```c
            gotoxy(39,9);     cprintf("%c",217);
            gotoxy(29,3);     cprintf(" Add     ");
            gotoxy(29,4);     cprintf(" Query   ");
            gotoxy(29,5);     cprintf(" Modify  ");
            gotoxy(29,6);     cprintf(" Delete  ");
            gotoxy(29,7);     cprintf(" Sort    ");
            gotoxy(29,8);     cprintf(" Count   ");
            textbackground(0);
            textcolor(15);
               gotoxy(27,1);
            cprintf (" %c %c Reader %c %c", 179,17,16,179);
            switch(n%6)
      { case 0:gotoxy(29,3);    cprintf(" ADD     ");   break;
            case 1:gotoxy(29,4);    cprintf(" Query   ");   break;
            case 2:gotoxy(29,5);    cprintf(" Modify  ");   break;
            case 3:gotoxy(29,6);    cprintf(" Delete  ");   break;
            case 4:gotoxy(29,7);    cprintf(" Sort    ");   break;
            case 5:gotoxy(29,8);    cprintf(" Count   ");   break;
       }
      }
       if(m%3==2)                      /*画 Reader 菜单项*/
     { window(48,2,59,9);
       textcolor(0);
       textbackground(7);
       for(i=0;i<7;i++)
       { gotoxy(1,1+i);
              insline();
       }
       window(1,1,80,25);
         gotoxy(47,1);
       for(i=1;i<=7;i++)
          { gotoxy(48,1+i);
       cprintf("%c", 179);
       gotoxy(59,1+i);
       cprintf("%c", 179);
           }
       for(i=1;i<=11;i++)
        { gotoxy(48+i,2);
         cprintf ("%c",196);
         gotoxy(48+i,8);
         cprintf ("%c",196);
        }
       textbackground(0);
       gotoxy(50,9);
         cprintf ("              ");
```

```
       for(i=0;i<8;i++)
        { gotoxy(60,2+i);
           cprintf("");
        }
       textbackground(7);
      gotoxy(48,2);    cprintf("%c",218);
      gotoxy(48,8);    cprintf("%c",218);
      gotoxy(59,2);    cprintf("%c",191);
      gotoxy(59,8);    cprintf("%c",217);
      gotoxy(49,3);    cprintf(" Borrow   ");
      gotoxy(50,5);    cprintf(" Return   ");
      gotoxy(50,7);    cprintf(" Exit     ");
      for(i=1;i<=10;i++)
       { gotoxy(48+i,4);
         cprintf("%c",196);
       }
      for(i=1;i<=10;i++)
       { gotoxy(48+i,6);
         cprintf("%c",196);
       }
   }
     textcolor(15);
     textbackground(0);
     gotoxy(47,1);
     cprintf (" %c %c B&R %c %c", 179,17,16,179);
     switch(n%3)
      { case 0:gotoxy(49,3);   cprintf(" Borrow   ");   break;
        case 1:gotoxy(49,5);   cprintf(" Return   ");   break;
        case 2:gotoxy(49,7);   cprintf(" Exit     ");
      }
   }
  }
```

5．记录查找定位

用户进行图书管理时,对某个记录处理前,需要按照条件找到这条记录,Locate()函数完成了结点定位的功能。

作用：用于定位链表中符合要求的结点,并返回指向该结点的指针。

参数：findmess[]保存要查找的具体内容；nameornum[]保存按什么查找。

```
Book_Node *Locate(Book_Link l, char findmess[], char nameornum[])
                                                          /*记录查找定位*/
{ Book_Node *r;
   if(strcmp(nameornum, "num")==0)                        /*按图书编号查询*/
   { r=l->next;
     while(r)
     { if(strcmp(r->data.num, findmess)==0)
```

```
              return r;
          r=r->next;
        }
    }
    else  if(strcmp(nameornum,"name")==0)          /*按图书名查询*/
      { r=l->next;
        while(r)
        { if(strcmp(r->data.name, findmess)==0)
              return r;
          r=r->next;
        }
    }
return 0;
}
```

6. 格式化输入数据

在图书管理系统中，我们设计了下面的函数来单独处理字符串的格式化输入，并对输出的数据进行检验。

```
void stringinput(char * t,int lens,char * notice)
                                         /*输入字符串,并进行长度验证(长度<lens)*/
{ char n[255];
  int x,y;
    do{ printf(notice);
      scanf("%s",n);
      if(strlen(n)>lens)
        { x=wherex();
          y=wherey();
          gotoxy(x+2,y+1);
          printf("exceed the required length! \n");
        }                          /*进行长度校验,超过lens值重新输入*/
      }while(strlen(n)>lens);
      strcpy(t,n);                 /*将输入的字符串复制到字符串t中*/
}
```

7. 增加记录

图书记录或读者记录可以从以二进制形式存储的数据文件中读入，也可从键盘逐个记录。当从某数据文件中读入记录时，就是在以记录为单位存储的数据文件中调用 fread(p, sizeof(Node),1,fp)文件读取函数，将记录逐条复制到单链表中。这个操作在 main()中执行，若文件中没有数据时，系统会提示单链表为空，没有任何记录可操作。此时，用户可通过选择 Book 菜单下的添加记录选项，调用 AddBook(l)，进行图书记录的输入，即完成在单链表 l 中添加结点的操作。

```
void AddBook(Book_Link l)                  /*增加记录*/
```

```c
{ Book_Node * p, * r, * s;
  char ch,flag=0,num[10];
  float temp;
  r=l;
  s=l->next;
  clrscr();
    while(r->next!=NULL)
       r=r->next;                      /*将指针移至于链表最末尾,准备添加记录*/
  while(1)
  { while(1)
    { clrscr();
      gotoxy(2,2);
      stringinput(num,15,"input book number(press '0'return menu):");
      flag=0;
      if(strcmp(num, "0")==0)
          return;
      s=l->next;
      while(s)
        { if(strcmp(s->data.num,num)==0)
           { flag=1;    break;
           }
         s=s->next;
        }
      if(flag==1)                      /*提示用户是否重新输入*/
      { gotoxy(2,3);
        getchar();
        printf ("=====>The number %s is existing,please try again(y/n)?",num);
        scanf("%c",&ch);
        if(ch=='y'||ch=='Y')   continue;
           else return;
      }
       else break;
    }
    p=(Book_Node*)malloc(sizeof(Book_Node));
     if(!p)
     { printf("\nLocate memory failure ");
       return;
     }                                 /*给图书记录赋值*/
  strcpy(p->data.num,num);
  gotoxy(2,3);
  stringinput(p->data.name,15,"Book Name:");
  gotoxy(2,4);
  stringinput(p->data.author,15,"Book Author:");
  gotoxy(2,5);
  stringinput(p->data.publish,15,"Book Publishing Company:");
```

```
     gotoxy(2,6);
     printf("Book Price:");
     scanf("%f",&temp);
     p->data.price=temp;
     p->data.borrow_flag=0;
     strcpy(p->data.reader,"");
     p->data.total_num=0;
     gotoxy(2,8);
     printf(">>>>>Press any key to start next record!");
     getchar(); getchar();
     p->next=NULL;                /*表明这是链表的尾部结点*/
     r->next=p;                   /*将新建的结点加入链表尾部中*/
     r=p;
     saveflag=1;
   }
   return;
}
```

8. 查询记录

图书的查询由 QueryBook()函数实现。当用户执行此查询任务时，系统会提示用户进行查询字段的选择，即按图书编号或图书名进行查询。若此记录存在，则会显示此图书记录的信息。同样，读者记录查询函数 QueryReader()的实现与之类似，这里不再给出代码说明。

```
void QueryBook(Book_Link l)
{ int select;
  char searchinput[20];
  Book_Node *p;
   if(!l->next)
   { clrscr();   gotoxy(2,2);
     printf("\n=====>No Book Record!\n");   getch();
     return;
   }
   clrscr();
   gotoxy(2,2);
   cprintf("=====>1 Search by book number=====>2 Search by book name");
   gotoxy(2,3);
   cprintf("please choice[1,2]");
   scanf("%d",&select);
if(select==1)                    /*按图书编号查询*/
   { gotoxy(2,4);
     stringinput(searchinput,15,"input the existing book number:");
     p=Locate(l,searchinput,"num");
      if(p)
      { gotoxy (2,5);
```

```c
                    printf("-------------------------------------------");
                    gotoxy(2,6);
                    printf("Book Number:%s",p->data.num);
                    gotoxy(2,7);
                    printf("Book Name:%s",p->data.name);
                    gotoxy(2,8);
                    printf("Book Author:%s",p->data.author);
                    gotoxy(2,9);
                    printf("Book Publishing Company: %s",p->data.publish);
                    gotoxy(2,10);
                    printf("Book Price:%.2f",p->data.price);
                    gotoxy(2,11);
                    printf("Book Borrow_Flag(1:borrowed,0:unborrowed) :%d",p->data
                    .borrow_flag);
                    gotoxy(2,12);
                    printf("Book Current Reader:%s",p->data.reader);
                    gotoxy(2,13);
                    printf("Total Number of Book Borrowed:%d",p->data.total_num);
                    gotoxy(2,14);
                    printf("-------------------------------------------");
                    gotoxy(2,16);
                    printf("press any key to return!");
                    getch();
                }
              else
              { gotoxy(2,5);
               printf("=====>Not find this book!\n");
               getchar();getchar();
              }
         }
            else if(select==2)              /*按书名查询*/
                { gotoxy(2,4);
                    stringinput(searchinput,15,"input the existing book name:");
                    p=Locate(l,searchinput,"name");
                    if(p)
                { gotoxy(2,5);
                    printf("-------------------------------------------");
                    gotoxy(2,6);
                    printf("Book Number:%s",p->data.num);
                    gotoxy(2,7);
                    printf("Book Name:%s",p->data.name);
                    gotoxy(2,8);
                    printf("Book Author:%s",p->data.author);
                    gotoxy(2,9);
                    printf("Book Publishing Company:%s",p->data.publish);
```

```
                gotoxy(2,10);
                printf("Book Price:%.2f",p->data.price);
                gotoxy(2,11);
                printf("Book Borrow_Flag(1:borrowed,0:un-borrowed):%d",p->data
                .borrow_flag);
                gotoxy(2,12);
                printf("Book Current Reader:%s",p->data.reader);
                gotoxy(2,13);
                printf("Total Number of Books Borrowed:%d",p->data.total_num);
                gotoxy(2,14);
                printf("----------------------------------------");
                gotoxy(2,16);
                printf("press any key to return");    getch();
         }
           else
           { gotoxy(2,5);
             printf("=====>Not find this book!\n");    getch();
           }
         }
      else
      { gotoxy(2,5);
        printf("*****Error: input has wrong! press any key to continue*****");
        getch();
      }
  }
}
```

9. 删除记录

图书删除记录操作由 DelBook()函数实现。在删除操作中,系统会按用户要求先找到该图书记录的结点,然后从单链表中删除该点。

```
voidDelBook(Book_Link l)               /*删除记录*/
{ int sel;
  Book_Node *p,*r;
  char findmess[20];
  if(!l->next)
  { clrscr();
    gotoxy(2,2);
    printf("\n=====>No book record!\n"); getchar();
    return;
  }
    clrscr();
    gotoxy(2,2);
    printf("=====>1 Delete by book number=====>2 Delete by book name");
    gotoxy(2,3);
    printf("please choice[1,2]:");
```

```c
            scanf("%d",&sel);
              if(sel==1)
              { gotoxy(2,4);
                stringinput(findmess,10,"input the existing book number:");
                p=Locate(l,findmess,"num");
                if(p)
                  { r=l;
                    while(r->next!=p)
                       r=r->next;
                  r->next=p->next;
                  free(p);
                  gotoxy(2,6);
                  printf("=====>delete success !");     getch();
                  saveflag=1;
                }
                 else
                { gotoxy(2,6);
                  printf("=====>Not find this book!\n");  getch();
                }
           }
              else if(sel==2)
              { stringinput(findmess,15,"input the existing book name:");
                 p=Locate(l,findmess,"name");
                 if(p)
                 { r=l;
                  while(r->next!=p)
                     r=r->next;
                  r->next=p->next;
                  free(p);
                  gotoxy(2,6);
                  printf("=====>delete success!\n");    getch();
                  saveflag=1;
                }
          else
          { gotoxy(2,6);
            printf("=====>Not find this book!\n"); getch();
          }
       }
    else
    { gotoxy(2,6);
      printf("*****Error: input has wrong! press any key to continue*****");
      getch();
    }
  }
```

10. 修改记录

图书修改记录操作由 ModifyBook() 函数实现。在修改图书记录操作中,系统会先按输入的编号查询到该记录,然后提示用户修改编号之外的相关字段值。

```c
void ModifyBook(Book_Link l)            /*修改记录*/
{ Book_Node * p;
  char findmess[20];
  float temp;
  if(!l->next)
  { clrscr();
    gotoxy(2,1);
    printf("\n=====>No book record!\n");   getchar();
    return;
  }
     clrscr();
  gotoxy(2,1);
  stringinput(findmess,10,"input the existing book number:");
  p=Locate(l,findmess,"num");
    if(p)
    { gotoxy(2,2);
      printf("-------------------------------------------");
      gotoxy(2,3);
      printf("Book Number:%s",p->data.num);
      gotoxy(2,4);
      printf("Book Name:%s",p->data.name);
      gotoxy(2,5);
      printf("Book Author:%s",p->data.author);
      gotoxy(2,6);
      printf("Book Publishing Company:%s",p->data.publish);
      gotoxy(2,7);
      printf("Book Price:%.2f",p->data.price);
      gotoxy(2,8);
      printf("Book Borrow_Flag (1:borrowed, 0:unborrowed) :%d",p->data.borrow_
      flag);
      gotoxy(2,9);
      printf("Book Current Reader:%s",p->data.reader);
      gotoxy(2,10);
      printf("Total Number of Books Borrowed:%d",p->data.total_num);
      gotoxy(2,11);
      printf("-------------------------------------------");
      gotoxy(2,12);
      printf("Please modify book recorder: ");
      gotoxy(2,13);
      stringinput(p->data.name,15,"Book Name:");
```

```
            gotoxy(2,14);
            stringinput(p->data.author,15,"Book Author:");
            gotoxy(2,15);
            stringinput(p->data.publish,15,"Book Publishing Company:");
            gotoxy(2,16);
            printf("Book Price:");
            scanf("%f",&temp);
            p->data.price=temp;
            gotoxy(2,17);
            printf("--------------------------------------------");
            gotoxy(2,18);
            printf("=====>modify success !");           getch();
            saveflag=1;
          }
      else
      { gotoxy(2,4);
        printf ("=====>Not find this book!\n");      getch();
      }
   }
}
```

11. 统计记录

统计由 CountBook() 函数完成，可统计出图书总数量、已借出图书数、借出次数最多的图书名，使图书管理员对图书有一个宏观的了解。另外，读者信息统计由 CountReader() 函数实现，可统计出目前读者的总数量、男性读者和女性读者的数量、目前借书数最多的读者名。由于其实现与 CountBook() 类似，这里不再给出源码说明。

```
void CountBook(Book_Link l)              /*统计记录*/
{ Book_Node * r=l->next;
  int countc=0,countm=0,counte=0;
  char bookname[15];
  if(!r)
  { clrscr();
    gotoxy(2,1);
    printf("=====>Not book record!");         getchar();
    return;
  }
  counte=r->data.total_num;
  strcpy(bookname,r->data.name);
  while(r)
  { countc++;
    if (r->data.borrow_flag==1)    countm++;
    if(r->data.total_num>counte)
    { counte=r->data.total_num;
      strcpy(bookname,r->data.name);
    }
```

```
      r=r->next;
    }
    clrscr ();
gotoxy(2,3);
printf ("---------------the Statistics Results:------------");
gotoxy(2,4);
printf("Total number of books:%d",countc);
gotoxy(2,5);
printf("Total number of borrowed books:%d",countm);
gotoxy(2,6);
printf("Book name of maximum borrowed number:%s",bookname);
gotoxy(2,7);
printf("-------------------------------------------");
getchar();   getchar();
}
```

12. 排序图书记录

　　这里采用直接选择法对图书记录和读者记录进行排序。直接选择排序的基本思想是：从欲排序的 n 个元素中，以线性查找的方式找出最小的元素和第一个元素交换，再从剩下的 (i−1) 个元素中，找出最小的元素和第二个元素交换。以此类推，直到所有元素均已排序完成。在本程序中，图书的直接选择排序由 SortBook() 函数完成，包括 3 个主要过程。第一，外层循环决定每次排序开始位置，以及需交换结点之间指针关系的改变；第二，内层循环负责在单链表中找到当前图书价格关键字最小的结点；第三，重复前面两个过程，直到从待排序链表取出的结点的指针域为 NULL，排序完成。

　　读者信息的直接选择排序由 SortReader() 函数完成。它按照读者编号的值从低到高对记录进行升序排序。对按照读者编号排序方式而言，通过使用 strcmp() 函数，系统将按其字符 ASCII 码的大小来进行排序。由于 SortReader() 函数与 SortBook() 函数类似，这里不再给出代码说明。

```
void SortBook(Book_Link l)
{ Book_Link l11;
  Book_Node  *p, *q, *r, *s, *h1;
  int x,y,i=0;
  if(l->next==NULL)
  { clrscr();
    gotoxy(2,1);
    printf("=====>Not book record!");        getchar();
    return;
  }
  h1=p=(Book_Node*)malloc(sizeof(Book_Node));
  if(!p)
  { gotoxy(2,1);
    printf ("allocate memory failure!");
    return;
```

```
        }
           clrscr ();
        gotoxy(2,1);
        printf(HEADER1);
        gotoxy(2,1);
        lll=l->next;
        x=wherex();        y=wherey();
        i=0;
        while(lll!=NULL)
        { i++;
          gotoxy(x, i+y);
          printf(FORMAT1,DATA1);
          lll=lll->next;
        }
        getchar();    getchar();
        gotoxy(2,i+2);
        printf ("=====>sort----------------------------");
        p->next=l->next;
        { q=p->next;
          r=p;
           while (q->next!=NULL)
            { if(q->next->data.price<r->next->data.price)
               r=q;
              q=q->next;
            }
         if(r!=p)
           { s=r->next;
             r->next=s->next;
             s->next=p->next;
             p->next=s;
           }
        p=p->next;
        }
        l->next=h1->next;
        lll=l->next;
        gotoxy(x,y+i+1);
        x=wherex();        y=wherey();
        i=0;
          while(lll!=NULL)
          { i++;
             gotoxy(x,i+y);
             printf(FORMAT1,DATA1);
             lll=lll->next;
          }
        free(h1);
```

```
    saveflag=1;
    gotoxy(2,wherey()+2);
    printf("=====>sort complete!\n");
    getch();
    return;
}
```

13. 存储记录

在存储记录操作中,系统会将单链表中的数据写入磁盘中的数据文件,若用户对数据有修改。那么,在退出系统时系统会自动进行存盘操作。

```
    void  SaveBook(Book_Link l)
{ FILE * fp;
  Book_Node * p;
  int count=0;
  fp=fopen("c:\\book","wb");
   if(fp==NULL)
     { clrscr ();   gotoxy(2,2);
       printf("=====>Open file error!\n");          getchar();
        return;
     }
   p=l->next;
     while(p)
       { if(fwrite(p,sizeof(Book_Node),1,fp)==1)
         { p=p->next;
           count++;
         }
         else
           break;
         }
    if(count>0)
    { clrscr ();
      gotoxy(4,8);
     printf("======>save books,the number of total saved's records is:%d\n",
count); getchar();
      saveflag=0;
    }
      else
      { clrscr ();
        gotoxy(2,3);
        printf("the current link is empty,no record is saved!\n");  getchar();
      }
    fclose(fp);
}
```

14. 借阅图书

借阅图书由 BorrowBook() 函数实现。首先系统提示用户输入读者编号，在确认借阅者为注册读者、读者借阅数量没有超过借阅数量上限、需借阅图书当前处于可借状态后，才进行相应的图书借阅工作。图书借阅工作包括通过 p1->data.borrow_flag=1 操作标记此图书已借出；通过 strcpy(p1->data.reader,readernum) 操作填写借阅人编号；通过 p1->data.total_num++ 操作增加图书被借次数；通 p2->data.total_num++ 增加读者目前已借图书册数。其中，p1 为 Book_Node 类型的指针变量，p2 为 Reader_Node 类型的指针变量。

```c
void BorrowBook(Book_Link l,Reader_Link ll)        /*借阅图书*/
{ Book_Node *p1;
  Reader_Node *p2;
  char readernum[15],bookname[15];
  int flag=0;
  p1=l->next;
  p2=ll->next;
    clrscr();
  gotoxy(2,2);
  stringinput(readernum,15,"Reader Number:");
    while(p2)
    { if(strcmp(p2->data.num,readernum)==0)
      { flag=1; break;}
      p2=p2->next;
    }
  if(flag==0)
  { gotoxy(2,3);
    printf("The Numbe of Reader %s is not existing!", readernum);   getch();
    return;
  }
  if(p2->data.total_num>=19)
  { gotoxy(2,3);
    printf("The number of reader allowed to borrow book can't be more than 20!",
    readernum);   getch();
    return;
  }
  gotoxy(2,3);
  stringinput(bookname,15,"Book Name:");
    while(p1)
      { if(strcmp(p1->data.name,bookname)==0)
        { if(p1->data.borrow_flag==0)
          { p1->data.borrow_flag=1;
            strcpy(p1->data.reader, readernum);
            p1->data.total_num++;
```

```
                p2->data.total_num++;
                gotoxy(2,4);
                printf("The book %s is borrowed by %s (Num:%s) Successfully!",
                bookname, p2->data.name, p2->data.num);     getch();
                  return;
            }
              else
                { gotoxy(2,3);
                  printf("The book %s can't be borrowed currently!",bookname);
                  getch();
                  return;
                }
          }
      else
        p1=p1->next;
    }
    gotoxy(2,3);
  printf("The book %s is not existing !",bookname);   getch();
  return;
}
```

15. 归还图书

图书归还由 ReturnBook()函数实现。与图书借阅类似，系统首先提示用户输入读者编号，系统查询该读者编号是否已经存在，若不存在则不允许执行还书操作。然后，提示用户输入归还图书的名称，查询该图书是否为已借状态，同时与输入的读者编号一致，若任意条件不满足则不允许执行还书操作。若条件满足，才执行相应的图书归还工作。这些工作包括通过 p1->data.borrow_flag=0;操作标记此图书已还，通过 strcpy(p1->data.reader,"")操作将借阅人编号置空，通过 p2->data.total_num--操作将读者目前已借图书册数减1。

```
void ReturnBook(Book_Link l,Reader_Link ll)         /*归还图书*/
{ Book_Node * p1;
  Reader_Node * p2;
  char readernum[15],bookname[15];
  int flag=0;
  p1=l->next;
  p2=ll->next;
    clrscr();
  gotoxy (2,2);
  stringinput(readernum,15,"Reader Number:");
  while(p2)
  { if(strcmp(p2->data.num,readernum)==0)
    { flag=1;
      break;
```

```
          }
        p2=p2->next;
      }
      if(flag==0)
        { gotoxy(2,3);
          printf("The Reader Number %s is not existing!",readernum);  getch();
          return;
        }
    gotoxy(2,3);
    stringinput(bookname,15,"Book Name:");
      while(p1)
      { if(strcmp(p1->data.name,bookname)==0)
          { if(p1->data.borrow_flag==1&&strcmp(p1->data.reader,readernum)==0)
              { p1->data.borrow_flag=0;
                strcpy(p1->data.reader,"");
                p2->data.total_num--;
                gotoxy(2,4);
                printf("The book %s is returned by %s (Num:%s) Successfully!",bookname,
                p2->data.name, p2->data.num);  getch();
                return;
              }
            else
              { gotoxy(2,3);
                printf(" The book % s is not borrroed or the number of reader is
                different!",bookname);   getch();
                return;
              }
          }
        else
          p1=p1->next;
      }
    gotoxy(2,3);
    printf("The book %s is not existing !",bookname);  getch();
    return;
    }
```

9.4.2 运行界面

1. 主界面

当用户刚进入图书管理系统时,用户可按 F1、F2、F3 功能键来分别调用 Book、Reader、B&R 三个菜单的子菜单项。主界面及各子菜单项分别如图 9.4~图 9.6 所示。

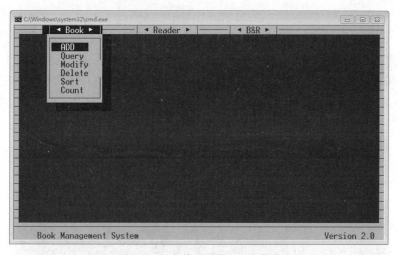

图 9.4　图书管理系统 Book 菜单

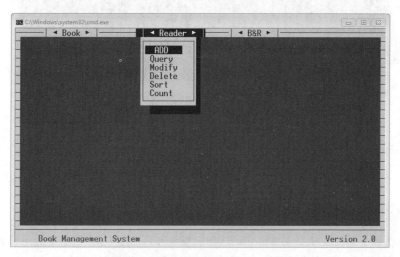

图 9.5　图书管理系统 Reader 菜单

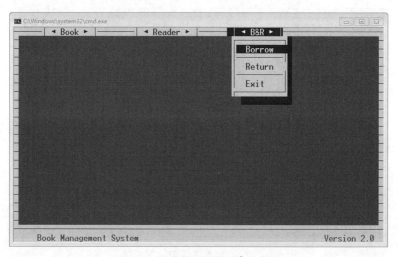

图 9.6　图书管理系统 B&R 菜单

2. 添加记录

当用户选择 Book 菜单下的 Add 选项并按 Enter 键后,即可进行记录添加工作。目前输入了一本编号为 1001,出版社为 shenyang 的图书记录。当用户再次输入 1001 编号的新记录时,系统的提示结果如图 9.7 所示。

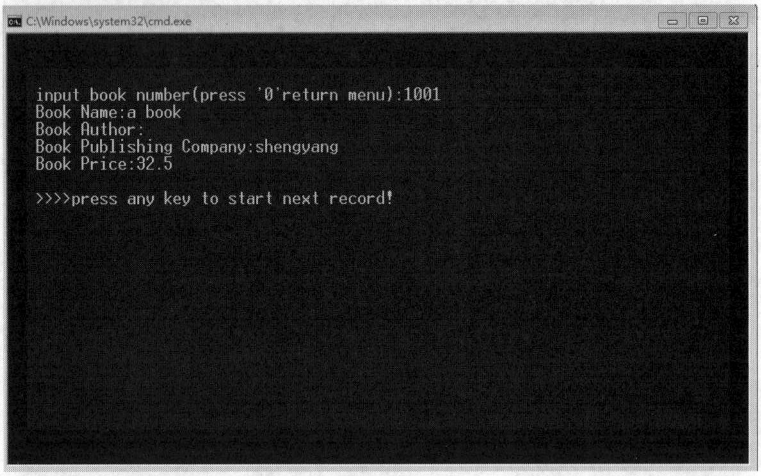

图 9.7　读者记录添加

3. 查找记录

当用户选择 Book 菜单下的 Query 选项并按 Enter 键后,即可进入记录查找界面。

4. 修改记录

当用户选择 Book 菜单下的 Modify 选项并按 Enter 键后,即可进行记录修改工作。如图 9.8 所示,用户已经成功修改了一条编号为 1001 的图书记录。

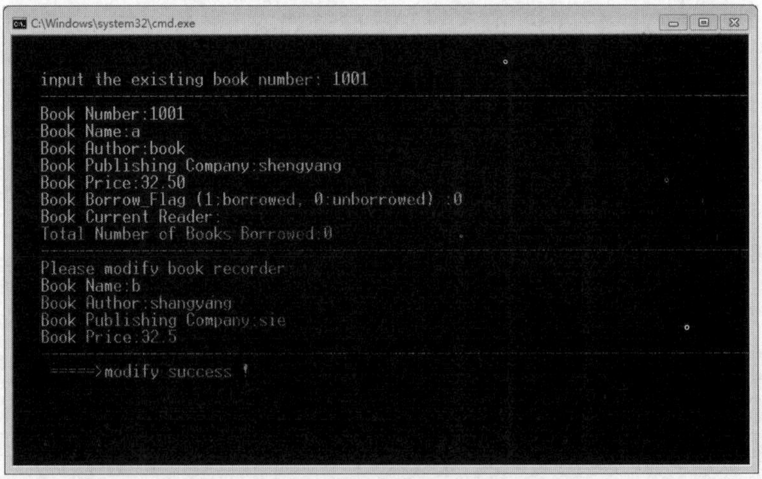

图 9.8　修改图书记录

5. 删除记录

当用户选择 Book 菜单下的 Delete 选项并按 Enter 键后，即可进行记录删除操作。如图 9.9 所示，用户未曾找到编号为 1000 的图书记录，没有完成删除。

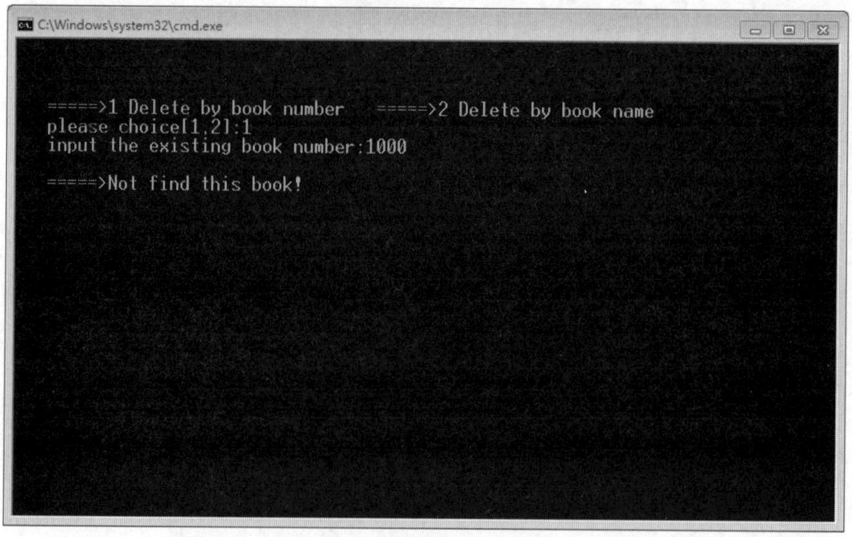

图 9.9 删除图书记录

6. 排序记录

当用户选择 Book 菜单下的 Sort 选项并按 Enter 键后，即可进行记录排序操作。

7. 统计记录

当用户选择 Book 菜单下的 Count 选项并按 Enter 键后，即可进行记录统计操作。

8. 借阅图书

当用户选择 B&R 菜单下的 Borrow 选项并按 Enter 键后，即可进行借书操作。

9. 归还图书

当用户选择 B&R 菜单下的 Return 选项并按 Enter 键后，即可进行还书操作。

10. 保存记录

当用户选择 B&R 菜单下的 Exit 选项并按 Enter 键后，会提示用户是否退出系统，当用户选择 Y 或 y 后，系统会自动将图书记录和读者记录分别存入 C:\\book 和 C:\\reader 文件中，最后执行系统退出工作。

9.5 系统编程总结

本章介绍了图书管理系统的设计思路及其编码实现。重点介绍各功能模块的设计原理、文本模式下图形化界面的设计、菜单的灵活控制，以及利用单链表进行直接选择排序的方法。通过本章的学习，读者应该掌握以下知识点。

(1) 文本窗口大小的设定、窗口颜色的设置、窗口文本的清除和输入输出等。

(2) 基于单链表实现的直接选择排序方法。

(3) 单链表创建、插入、删除、查找等基本操作。

(4) 对文件的打开、关闭、读写操作。

参 考 文 献

[1] 谭浩强.C程序设计[M].2版.北京:清华大学出版社,1999.
[2] 杨路明.C语言程序设计教程[M].北京:北京邮电大学出版社,2003.
[3] 谭浩强.C语言程序设计教程[M].2版.北京:高等教育出版社,1998.
[4] 吴文虎.程序设计基础[M].北京:清华大学出版社,2003.
[5] 周启海.C语言程序设计新捷径[M].上海:复旦大学出版社,2000.
[6] 李淑华.C语言程序设计[M].大连:大连理工大学出版社,2002.
[7] 苏小红.C语言大学实用教程[M].北京:电子工业出版社,2009.

图书资源支持

感谢您一直以来对清华版图书的支持和爱护。为了配合本书的使用,本书提供配套的资源,有需求的读者请扫描下方的"书圈"微信公众号二维码,在图书专区下载,也可以拨打电话或发送电子邮件咨询。

如果您在使用本书的过程中遇到了什么问题,或者有相关图书出版计划,也请您发邮件告诉我们,以便我们更好地为您服务。

我们的联系方式:

地　　址:北京市海淀区双清路学研大厦 A 座 714

邮　　编:100084

电　　话:010-83470236　010-83470237

客服邮箱:2301891038@qq.com

QQ:2301891038(请写明您的单位和姓名)

资源下载:关注公众号"书圈"下载配套资源。

资源下载、样书申请

书　圈

获取最新书目

观看课程直播